改訂版 統計解析のはなし

●データに語らせるテクニック

大村 平 著

日科技連

まえがき

　『統計のはなし』を出版してから，もう 11 年にもなり，自分でもびっくりしてしまいます．そして，読んでいただいた多くの方から，記述が冗長すぎるとお叱りを受けたり，読みやすくわかりやすいとお誉めの言葉をちょうだいしたりしてきましたが，なにはともあれ，考えてもみなかったほどたくさんの方々が『統計のはなし』に目を通してくださったことを心から感謝しています．

　それにつけても，統計についての物語りには必ず含まれていなければならないはずの相関や回帰，あるいは百分率の推定や検定などを『統計のはなし』では書き漏らしてしまったことが，ずっと気になって仕方がありませんでした．いつかは借りをお返ししなければと思いつづけていたところ，たいへん遅くなりましたが，やっとその機会がめぐって参りました．

　もちろん，借りをお返しするだけがこの本の趣旨ではありません．せっかく与えられた機会ですから，一歩も二歩も前進したいのです．そのためには，近ごろにわかに脚光を浴びはじめた多変量解析とか数量化の技術などについても一応のご紹介をしようと思います．実をいうと，これらの技法はなかなか手強いので，やや品位を欠くのを覚悟のうえで思いきり具体的な例を使ってご説明するつもりです．こういうわけですから，『統計のはなし』が統計の入門編であるとすれば，この本は統計の応用編といえるかもしれません．

けれども，この本は『統計のはなし』の続編ではありません．独立した一冊の本にするつもりです．したがって，内容的にみると『統計のはなし』と重複したところがあるのをお許しねがいたいのです．とくに，推定と検定を取り扱った第2章～第4章では，なるべく『統計のはなし』との重複を避けるように配慮はしますが，なんといっても，統計の読み切り物語りを書こうというのですから，多少の重複は容赦していただかなければなりません．

それでは，書きはじめましょう．ぶっきらぼうに公式や計算手順だけをご紹介するのではなく，統計の考え方に立ちかえって式や計算手順の意味をじっくりと理解しながら進むのがこの本の目的ですから，物語りはちんたらちんたらと牛の歩みのように遅いかもしれませんが，先をあせらずに付き合っていただきたいと思います．

最後になりましたが，浅学非才な私を励ましながら惜しげもなく貴重な紙面を提供して，12冊にも及ぶ「はなし」シリーズを出版しつづけてくださる日科技連出版社の方々，とくに，このシリーズの生みの親ともいえる山口忠夫さんにお礼を申し上げます．

昭和55年1月

この本が世に出てから，もう，20余年が経ちました．その間に，思いもかけないほど多くの方々がこの本をとり上げていただいたことに，心から感謝しています．

ところが，その間に社会の環境が変化し，それにつれて，各種の統計値なども変わったため，文中の記述に不自然なところが目につくようになってきました．そこで，そのような部分を改定させていただきました．これからも，さらに多くの方々のお役に立てば私に

とっても望外の喜びです.

　なお，改定に当たっては，気疲れする作業を丹念にこなしてくれた日科技連出版社の渋谷英子さんにお礼を申し上げます.

平成 18 年 8 月

　　　　　　　　　　　　　　　　　　　　大　村　　　平

目　　次

まえがき …………………………………………………………… iii

1. 前　口　上 …………………………………………………… *1*
カラオケ，偏差値，琴欧州　　*1*
数字には2つの顔がある　　*5*
そこで，統計学が登場する　　*9*
そして，統計解析が登場する　　*12*

2. 素人探偵ものがたり —— 推定のはなし，その1 —— ………… *16*
子供の推理と大人の推理　　*16*
かりに標準偏差がわかっているとするなら　　*21*
標本が2つになれば　　*26*
標本がもっと多ければ　　*30*
標準偏差がわからなければ　　*32*
それでも手はある　　*36*
やっと，できそう　　*41*
やっと，できた　　*47*
この章の抄録　　*51*

3. 名探偵ものがたり —— 推定のはなし，その2 —— ………… *54*
ばらつきを区間推定するには　　*54*

標本の数が増えると　*61*

ばらつきが決め手　*66*

ばらつきの比を推定する　*69*

計算結果はこうなる　*75*

ほんとうの割合を推定する　*79*

ほんとうの視聴率はいくらか　*84*

たった10人だけでは　*87*

確率紙でらくをする手もある　*91*

4. 名行司ものがたり ── 検定のはなし ── ……………………95

まぐれか実力か　*95*

確率で判定する　*102*

理想と現実の食い違いに手がかりを求めて　*105*

食い違いを検定する　*109*

両側検定と片側検定　*117*

平均値を検定する　*120*

ばらつきを検定する　*125*

ばらつきの比を検定する　*127*

パーセンテージを検定する　*130*

5. 代表選手の言い分を聞く ── 抜取検査のはなし ── …………133

標本調査と抜取検査　*133*

抜取検査は神様ではありません　*136*

OC曲線を読む　*142*

リスクは分け合うのがいい　*146*

あわてものと，ぼんやりものを両立させる法　*149*

不良率を薄めて市場へ出そう　*152*
２回抜取検査に救いを求めて　*155*
ロットが小さいときには　*159*

6. ばらつきをばらす法 ── 分散分析のはなし ── ……………165

問題発生！　*165*
手品の種を仕かける　*168*
列の効果と誤差とを分離する　*172*
列の効果を検定する　*177*
因子が２つの場合　*180*
因子が３つの場合　*185*
すごいテクニックをお見せしよう　*190*
実験計画法入門　*197*

7. 総身に知恵はまわるのか ── 相関と回帰のはなし ── ………200

相関を見つける　*200*
順位相関係数を求める　*204*
順位相関を目で見る　*209*
これが相関係数だ　*211*
真の相関係数を区間推定する　*216*
相関は因果関係を保証はしない　*219*
直線で回帰する　*222*

8. 複雑さをばらす法 ── 多変量解析のはなし ── ……………230

主要な因子を選び出す　*230*
ベクトルという小道具を使う　*235*

未知の因子を探り出す　**243**
　　　主な成分を見つけ出す　**247**
　　　多変量解析　**252**
　　　数量化の技術へ　**256**

9. なんでも数字で表わす法 ── 数量化のはなし ── ……………258

　　　なんでも1次元に圧縮する　**258**
　　　愛すべき5段階評価　**261**
　　　ウエイトづけの初歩　**264**
　　　基準が数値で与えられたら　**269**
　　　基準が分類で与えられたら　**273**
　　　基準がなくても　**278**
　　　身内どうしを比べる場合　**282**

付　　録 ……………………………………………289

　　付録1　偏差値　**289**
　　付録2　分布間の相互関係　**290**
　　付録3　二項分布の平均と分散の求め方　**291**
　　付録4　パスカルの三角形($_nC_r$の値)　**292**
　　付録5　式(9.11)の計算　**293**
　　付録6　式(9.19)の計算　**294**

付　　表 ……………………………………………295

　　付表1　正規分布表　**295**
　　付表2　t分布表　**296**
　　付表3　χ^2分布表　**297**

付表4　F分布表(0.025)　　*298*

付表4　F分布表(0.05)　　*299*

1. 前　　口　　上

カラオケ，偏差値，琴欧州

　落書きは，もちろん低俗で愚劣なものが大部分ですが，中には機智に富んだものや世相を鋭く風刺したものも少なくありません．後世にまで永く記録を留めるものも，いくつかあるくらいです．そのうちの1つに二条河原の落首*（らくしゅ）があります．

　　このごろ都にはやるもの
　　夜討，強盗，にせ綸旨（りんじ）**
　　召人，早馬，から騒動（さわぎ）
　　生首，還俗自由出家
　　── 中　略 ──

---

* 風刺を込めた詩歌ふうの落書きのことで，封建時代には政道批判の手段として，しばしば行なわれたようです．

** 綸旨というのは，天皇の命令書のことだそうです．

たそがれ時になりたれば
　　　浮かれて歩く色好み
　　　いくそばくぞや数しれず
　　　内裏をかみと名付けたる
　　　人の妻鞆(めとも)のうかれめは
　　　よそのみるめも心地あし

というぐあいですが，口調のいい流れの中に適当な字余りがパンチを効かせているところなど，なかなかの傑作ではありませんか．これは，後醍醐天皇時代の泰平に酔いしれた京のありさまを風刺したものですが，この口調をまねて現代の日本を描いてみると

　　　このごろ日本ではやるもの
　　　カラオケ，サッカー，琴欧州
　　　偏差値，石油，原子力
　　　ケータイ，パンダ，東海地震
　　　―― 中　略 ――
　　　たそがれ時になりたれば
　　　浮かれて歩く色好み
　　　いくそばくぞや数しれず
　　　手に手をとってどこへ行く
　　　人の妻鞆のよろめきは
　　　よそのみるめも心地あし

というところでしょうか．規模の大小，レベルの高低をとり混ぜて，いつの世にも騒ぎの種はつきないものです．ま，夜討強盗や生首がはやらないだけでも，現代の日本に感謝していいのかもしれません．

　さて，テレビが茶の間から家族どうしの会話を奪ったように，宴

席から会話を奪い去ってしまいそうなカラオケブームにも，賢明な大衆はじょうずに対応しているように思われます．

また，近年はサッカーの人気が高まり，野球に追いつけ追いこせの勢いです．サッカー（蹴球）の正式名称は association football であり，その慣用的な略称が soccer なのだそうですが，ちょっと読みにくいスペルですね．

琴欧州はブルガリア出身の力士．長身でスタイルもマスクも美形で実力もあり，すもう界の将来を担ってくれそうな有望株です．日本の国技をモンゴルをはじめ，世界各国出身の力士が担ってくれることを喜んでいいのか，悲しむべきなのか…．

いっぽう，石油や原子力などのエネルギー問題や，東海地震などの大規模災害に対しては，国や地方自治体のあらゆる機関と全国民が一体となって困難と対決していかなければなりますまい．

そして，偏差値の問題*……．偏差値という言葉が日本中を席巻してからしばらく経ちますが，一時は単に教育問題にとどまらず，社会問題にまで発展して大騒ぎになりました．実をいうと，偏差値は問題になるずっと以前から教育学者の間で研究されていたTスコアの別名にしかすぎません．Tスコアは，ある生徒の学力が全生徒と比べてどの程度であるかを評価するための指標であり，試験結果の生点数や，全生徒中の順位などに比して客観性や普遍性に優れているところが特徴です．このように優れた特長を持つ偏差値なのに，学歴優先の風潮や金儲け至上主義の受験産業に毒されて，偏差値そ

---

* 偏差値については，あまりにも有名ですから，ご存知の方も多いと思いますが，念のために巻末の付録に説明を載せておきました．

のものには何の罪もないにもかかわらず，若者の人間性を破壊する元凶のようにののしられているのは気の毒な限りです．

ほんとうをいうと，何の罪もないどころか，偏差値は近代社会にとって欠くことのできない「数字の取扱い」についての智恵のかたまりであり，特徴を生かしてじょうずに使いさえすれば人間社会に大きな貢献をしてくれるに，ちがいないのです．

偏差値に盛り込まれた「数字の取扱い」についての智恵をちょっと覗いてみましょうか．それは，基本的には学力という正体不明のものを数字で表わすことについての智恵です．長さは cm や m を単位として数字で表わすことができます．同じように重さは kg，速さは km/時，明るさはルクスなどを単位として数字で表わすことができるのですが，これに対して学力や体力，あるいは気力や誠実さの程度などをはかる尺度は，長さや重さなどをはかる尺度ほどはっきりしているとはいえないし，さらに，芸術作品のできばえ，美人さの程度，肌ざわりの良し悪し，味や匂いの良否などのように感覚的なものを数字で表わす技術は，最近まではとんど未開発のままでした．

ところが 80 年代にはいって，これらを数字で表わす技術の必要性が高まり，にわかに注目をあびはじめました．というのも，コンピュータの卓越した計算力と急速な普及に支えられて，OR(オペレーションズ・リサーチ)，SE(システム・エンジニアリング)などの手法が現実問題に適用できるようになったため，これらの手法を駆使して人間を取り巻く環境をさらに改善しようとするなら，コンピュータに最適の答えをはじき出させるために，幸福や安心感というような抽象的なものまでを数字で表わしてコンピュータに入力す

ることが必要になったからです．その結果，地位とか富とか性の満足度などを組み合わせた QoL(Quality of Life：生活の質)を数字で表わすことの研究も進み，インターネットで QoL を検索すると，100万件もヒットするような時代になりました．

こういう立場から見ると，偏差値は生徒の学力を数字で表わす技術の1つとして位置づけてみる必要もありそうです．つまり，目にも見えないし，重さや熱さで私たちの五感に訴えてもこない「学力」を数字で表わすことについての智恵が「偏差値」には盛り込まれていると評価できるでしょう．

そして，この智恵がレベルの高いものである第1の証拠は，偏差値は全生徒の能力が正規分布に近い分布をするとの認識の上に作られた指標であり，試験結果の生点数や順位による学力の評価が全生徒の学力の分布という概念を含まない数字であったのに比べて，一段と実態に即した数量化に成功しているところにあります．

そして，第2の証拠は，試験の満点がいくらであっても，また，試験問題がむずかしくてもやさしくても，受験者の数が多くても少なくても，偏差値はこれらに影響されず，常に一定の尺度で評価できるように**規準化**の行なわれた指標を与えるところにあります．

また，第3の証拠は……，もう，やめましょう．あまり偏差値を賞めすぎると受験生や父兄のみなさんに叱られそうですから．

数字には2つの顔がある

どうやら偏差値にばかりこだわりすぎたようです．私がいいたいのは，ほかでもありません，私たちの現代社会は数字を媒介として

機能しているということです．その証拠に，この社会からあらゆる数字を抹消したらどうなるでしょうか．時刻表からも料金表からも，契約書や計算書からも，スポーツの得点やカレンダーからも，すっかり数字を抹殺してしまうのです．たちまち，現代社会の機能は停止してしまうにちがいありません．いうなれば，私たちの現代社会は数字を媒介とした約束ごとによって秩序が維持され，機能を続けているのです．

　そのくらいたいせつな数字ですから，数字の性質を正しく理解することは現代社会に生きる私たちに課された最低限の要求の1つです．数字の性質について，まず知らなければならないのは，数字には相反する2つの面があるということです．どういうことかというと……．

　数字は，非情で冷酷だといわれます．13という数字はどう細工しても，どう解釈しても13であって，融通もきかないし，ごまかすこともできないから，非情で冷たいというのです．確かに，2006年と1906年とは似ても似つかぬ別の年だし，受験番号が1番ちがえばまったく赤の他人だし，国道21号線の代わりに国道22号線を走ったのではてんで方角ちがいですから，1字くらいちがってもいいじゃないか，というわけにはいきません．それは，これらの数字が社会の秩序を維持するための約束ごととして定められたものだからです．これらの約束に違反して，1番ちがいの受験生を合格させたり，電話番号が1字だけまちがってかかるのが当たり前であったり，当選番号と1字ちがいの宝くじに賞金を支払ったり，生年月日を10年もずれて記録するのが許されるようでは，社会の秩序が麻のように乱れてしまいます．このように，数字には社会の秩序を守

るために少しの妥協も許さない頑固な一面があり,これが数字は非情で冷酷だといわれるゆえんです.

これに対して,数字にはもう1つの顔があります.一応,もっともらしく威厳を整えてはいるけど,実は本質的にそれほどの威厳は持ち合わせてはおらず,かなり,ちゃらんぽらんな一面を持っていることがあるのです.たとえば,こんな調子です.

バスの停留所にはバスの発車時刻が書いてあります.そこに書かれている数字はバス会社と乗客の間に取り交わされた約束ごとです.ところが,かりに,そこには「8時45分」とあるのにもかかわらず,バスが1分遅れて「8時46分」に発車したと思っていただきましょう.8時45分と8時46分とはまったく異なる数字です.ちょうど国道21号線と国道22号線とがまったく異なる方角へ走るようにです.それなら,8時45分に発車するはずのバスが8時46分に発車するのは約束違反であり,社会秩序に対するおそるべき反逆ではありませんか.それなのに現実の姿としてはバスが1分遅れて発車したからといって,それを責める客はほとんどいないでしょう.なぜでしょうか.

また,牛肉を100gという約束で買い求めたところ102gもあったというので,社会秩序に対するこのような挑戦を許すわけにはいかないと肉屋へどなり込んだとしたらどうでしょうか.完全に変人扱いされることは火を見るより明らかです.これは,牛肉が100gより多い102gあったからではありません.かりに,98gしかないと肉屋に苦情を申し入れた場合でも,2gくらいでケチなことをいいなさるなと軽くあしらわれること,請合いです.社会秩序を死守しようとする正義の味方も,まったく,形なしです.どうしてなの

でしょうか.

　このような例は，身のまわりにいくらでもあります．ウエスト 79 cm として市販されている既成のズボンは，きちんと測ってみると 78 cm になっていたり，80 cm に仕上がっていたりしますが，その程度の誤差はたいして問題にならないでしょう．制限速度 60 km/時の道路を 61 km/時で走ったくらいでは，社会秩序を守ることを任務としている警官もそれを捕まえる心配は，まずなさそうに思います．バスの発車時刻 8 時 45 分，牛肉 100g，ウエスト 79 cm，制限速度 60 km のように公然とかかげている数値を**公称値**というのですが，公称値の中には当てにならないものが多いのです．どうして，このようなことが許されているのでしょうか．

　社会秩序を守るために約束された数字にこのようなルーズさが許されるには 2 つの条件が必要です．その 1 つは，各人の責任には帰せられない理由によって，その数字をきちんと守ることが著しく困難であることです．

　バスを発車時刻と 1 分もちがわないように運行するためには，道路の渋滞による遅れをたっぷりと見積もって間のびしたダイヤを組み，バス停の寸前で時間待ちをして発車時刻をきちんと合わせるか，バス以外の車両をすべて走行禁止にして道路をバス専用にするくらいしか手がなさそうですが，これでは社会の秩序を守るどころか，かえって破壊してしまうでしょう．また，100g の牛肉をきっちり 100g に切り揃えるためには，牛肉屋の店先に精密天秤を備え，鋭利なメスとピンセットを両手に，長時間をかけて天秤の目盛とにらめっこしなければなりませんが，その間に，肉屋の店先に長い行列ができてしまい，とても夕食の仕度に間に合いそうもありません．

これでは，世間様にご迷惑をかけるばかりです．

そして……．バスが1分くらい遅れてこようと，牛肉が1～2gくらい少なかろうと，私たちの日常生活にとってたいした不都合はありませんから，このくらいはがまんをするのが共同社会に生き私たちの良識というものでしょう．つまり，ルーズさががまんできる程度であること……．これが第2の条件です．

要するに，ある数字をきちんと守ることが各人の責任に帰することのできない理由によって著しく困難であり，そして，多少の誤差があってもその程度は社会通念としてやむを得ないとみなされるような場合，数字は決して頑固でも非情でもなく，かなり融通無げな一面を発揮することを，ご理解ください．

そこで，統計学が登場する

各人の責任に帰することのできない理由によって誤差が発生し，またその程度の誤差はがまんができるとき，公称値には誤差が含まれるのが許されているという趣旨をくだくだと書いてきました．けれども数字の本質は社会秩序を維持するための約束ごとです．発生し，許される誤差の程度が暗黙のうちに了承されているうちは不都合は起こりませんが，誤差の大きさには利害がからむのがふつうですから，誤差は得てしてもめごとの原因となります．

100gという約束で牛肉を買ったのに帰宅してから精密に量ってみたら98gしかなかった，100gについて数百円もする牛肉が2%も公称値より少ないとはなにごとかと肉屋に苦情を申し立てるおかみさんに対して，肉屋のほうはといえば，へい，すみません，では

100円ばかりお返ししましょうともみ手をしながら腹の中では，たった2gぐらいで大さわぎするなよ，けちんぼー，こんど来たときには上肉の中に3割かた中肉を混ぜて仇をうってやるから覚えてろ……という程度のもめごとなら罪は軽いのですが，飛行機の重要な部材の熱処理温度が数％もちがっていたりすると，肉眼ではまったく異常がないのに突如として空中分解が起こり多くの人たちが無惨な最期をとげることもあるし，たくさんの電気部品で構成されている装置では，あちらこちらの抵抗値や電気容量の誤差が積もり積もって，思いがけないアクシデントが突発し，ひょっとして，それが核戦争の引き金にでもなったら，これは一大事です．

こういうわけですから，どのくらいの誤差が含まれているかとか，どのくらいの誤差まで許せるかということは，ことと次第によっては非常に大きな関心事となってきます．すなわち，融通無げな一面を持った数字については，その数字をどこまで信用したり信用させたりするかの判断や約束が社会秩序を維持するための決め手になることが少なくありません．そして，融通無げな一面を持った数字の正体を解明し，それらの数字を使いこなすための理論と手法とを体系化したものが統計学です．

統計学は，だいぶ前までは**記述統計学**と**推測統計学**とに二大別して説明されるのがふつうでした．記述統計学は大量の事実を観測して大量のデータを集め，それを集計して見やすく使いやすい形の表やグラフにして表現するための学問で，大量の数字の効果的な集め方，そのじょうずな整理のしかた，結果を表現するさまざまな方法などの理屈や手法で構成されています．いっぽう，推測統計学，略して**推計学**は，全体の中から取り出された一部の見本の性質を調べ，

その結果から全体の性質を確率的に推しはかるための学問で、推定と検定とを2本の柱とし、その応用としての抜取検査法や実験計画法なども含めて取り扱うのがふつうでした。

もうちょっと補足すると、記述統計学はもとはといえば為政者が国全体の状態を把握するために発生したものです。もっと端的にいうなら、兵役や治水工事などのための労働力を徴発する必要から人口を調査したり、税金をかける目的から農作物の生産量や田畑の面積を調査したのがはじまりで、古代のエジプトや中国にもすでにその芽生えが見られ、日本では豊臣秀吉が年貢を取り立てるために行なった検地が統計調査のはしりといわれていますが、17世紀ごろになってドイツやイギリスでこれらの手法が学問らしい体系を整えてきたのです。

ところで、この種の調査は**全数調査**が原則なのですが、全数調査は何といっても手数がかかります。手数がかかるあまりに、調査に数年もかかってしまうことが珍しくありません。それに、全数調査は全部を調べ上げて統計を作るのだから真実の姿を正しく描き出すと思われがちですが、意外なことに必ずしもそうではないのです。全数調査にはかなりの日時がかかるのがふつうですから、いろいろな時刻のデータが混ってしまい、どの時刻の真実の姿でもない全貌が描き出されたり、なにしろぼう大な相手を対象とするのでデータを集める段階で脱落や重複が生じたり、集計ミスが起こったりして必ずしも真の姿が描き出されるわけではありません。

そこで、ぼう大な手数と時間をかけても結局は必ずしも真実の姿を把握できないくらいなら全数調査ではなく、一部の標本を調べた結果によって統計を作る**標本調査**をすればいいではないかというわ

けで，標本調査が多用されるようになってきました．現在行なわれている世論調査や生産高の調査，体力や学力の調査，市販されている商品の量目調査などなど，ほとんどの統計が標本調査によって作られているといっても過言ではないでしょう．そうすると，このあたりで記述統計がいつの間にか推測統計にすり替わってしまうことになり，記述統計学と推測統計学とは実用上の必要性からだんだんに結合され一体となっていく大勢にあります．

そして，統計解析が登場する

　推測統計学のほうは，すでに書いたように推定と検定が2本の柱です．推定は，標本の性質によって全体の性質を文字どおり推定する手法であり，検定は，たとえば「このサイコロにはくせがない」とか「この肥料はいままでのものより良く効く」というような仮説が正しいかどうかを，いくつかのデータによって判定するための手法です．

　さらに，推測統計学には抜取検査法や実験計画法なども含めて取り扱うのがふつうだとも書きました．**抜取検査**は，いうなれば標本調査のことであり，全数を検査するにはあまりにも時間や経費がかかりすぎる場合や，製品をこわしてみないと検査ができず，したがって全数検査をした日には何のための検査かわからなくなってしまう場合に行なわれます．抜き取った標本の性質から全体の性質の良否を判定しようというのですから，これが推計学の応用でなくてなんでありましょうや．

　また，ある実験の結果は，同じ実験の無限回のくり返しという無

限母集団からランダムに取り出された標本ですから，実験の結果を事後的に取りまとめて母集団の姿を推定することは明らかに推計学の分野ですが，**実験計画法**は事後的なデータ処理のためだけの理論ではありません．運不運による偶然的な効果を積極的に相殺させるように実験のやり方をくふうして実験の効率を上げるところに妙味がある理論です．

このほか，「なんとかは総身に知恵がまわりかね」というけれど，背の高さと知能程度との間にはほんとうに関係があるのだろうかとか，室内温度と作業能率の間に必然的な関係があるだろうかというように，2つ以上のことがらの間に関連があるかどうかを問題にする**相関解析**や，相関があると判定されたとき，2つのことがらの間に存在する関連はどのような方程式で表わされるかを調べる**回帰分析**なども，限られた数のデータから全体の姿を推しはかっているからというので推計学の仲間として取り扱われてきました．

いずれにせよ，推定や検定や，その応用としての抜取検査法，実験計画法，相関解析，回帰分析などは，記述統計学の場合と異なり，ずいぶんと高級な数理を駆使して理論が展開されるので**数理統計学**と呼ばれることもあります．つまり，数理統計学は推測統計学の現代風の呼び名であり，推測統計学よりやや間口を広げていると同時に，一段と数学的な理論武装を固めているといっていいでしょう．

ところが，です．近年になると従来の統計学を基礎として，統計学の中に含めてもおかしくない新しい技法がつぎつぎに開発され実用化されはじめました．数ページ前にも書いたように，いままで数字ではうまく表わせなかった幸福さかげんや美人さの程度などを数字で表わすための数量化の技法なども実用化のめどがつきはじめ，

その所産の1つである偏差値が,カラオケや石油や地震と並んで現代の世相を演出する主役の1人となってしまいました.そして,またたくさんの原因が複雑にからみ合いながらある結果を作り出しているような場合,そのデータを解析して,何が主な原因なのかを洗い出すための技法も実用されはじめています.

これらの技法は,少なくとも記述統計学ではないし,かといって,全体の性質を見本から「推測」するという意味での推測統計学からもはみ出しています.けれどもある程度の誤差を含むことを承知のうえで数字を作り出したり,各種の誤差が複雑に入り乱れたデータから本質的な要因を抽出したりする手法なのですから,統計学の仲間に入れてやらなければなりません.

仲間に入れてやるのはいいのですが,これらの新しい技法を加えた統計学は,従来の統計学とはちょっとニュアンスが異なってきました.そこで,従来の推測統計学とこれらの新技法をいっしょにして「統計解析学」などと呼ばれるようになりました.きっと,統計

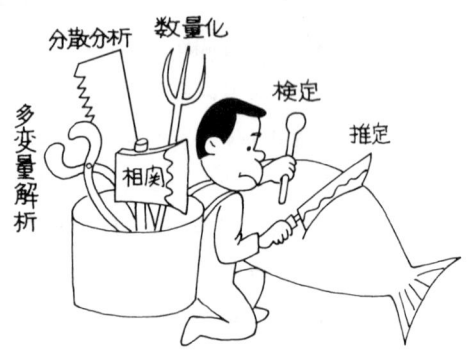

統計解析登場

的な手法を用いて現象の本質を解析しようという学問だからでしょう.「統計解析」という用語が世人のコンセンサスを得て認知されるようになってからわずか 20 年あまりですが,これから先も統計学は大きく変貌をとげる可能性を秘めた学問です.本書は, 20 世紀になって発展し,記述統計学から主役の座を奪った推測統計学の技法と,数量化の技法や複雑さをばらすための多変量解析などの技法を中心に述べていきますので,「統計解析のはなし」としましたが,この先何年,あるいは何十年か後には「統計解析」に代わる新しい統計学が登場するかもしれません.

　前口上にしては,やや冗漫にすぎたようです.反省しています.では,きりっとしまって統計解析の本論に,進むことにしましょう.

2. 素人探偵ものがたり

―― 推定のはなし，その1 ――

子供の推理と大人の推理

サラリーマンにとって，給料は何よりも関心の的です．なにせ，日々の生活が給料にかかっていますし，体力と健康以外に何の資本も持たないサラリーマンとしては，給料の中からわずかずつでも貯えて老後に備えなければならないのですから……．

そこで，数学の題材としては，あまりにも生活がにじみすぎているようにも思うのですが，つぎのような場面を想定してみることにしました．

ある会社の従業員を代表した2人が，経営者のところへ賃上げの交渉に出向いたのですが，なかなか思うようには交渉が進捗しません．その席上，経営者は2人に対して，昨年はどれだけ貯金ができたかと尋ねました．それに対して，2人がそれぞれ，10万円，30万円と答えると，経営者は，従業員が平均して20万円も貯金できるくらいなら，給料は決して低くはないのだから賃上げには応じら

れないといい，2人はそれに反論ができず，すごすごと帰ってきてしまいました．ほんとうに，2人には反論の余地がなかったのでしょうか．

2人の貯金額10万円と30万円とを平均すると確かに20万円です．けれども，この20万円は，たくさんの従業員の中からたまたま選ばれた，たった2人の平均値にしかすぎません．ひょっとすると，従業員の中にはいくらかの貯金ができた人もいる代わりに，1年間の収支が赤字で貯金が目減りした人もいて，全従業員を平均すると1年間の貯金額はほとんどゼロなのに，たまたま，10万円と30万円の貯金をした2人が代表者になっていただけかもしれないではありませんか．あるいは逆に，全従業員の平均貯金額は30万円をかなり上回っているのに，それより低い2人が偶然に代表者になっていたのかもしれません．要するに，たった2人の平均貯金額が20万円だからといって，全従業員の平均貯金額が20万円であるという保証は，どこにもないのです．

けれども，とにかく従業員の中から選ばれた2人の貯金額が10万円と30万円とであることは，わかっています．これが全従業員の平均貯金額を推理するための重要な手がかりとならないはずがありません．全従業員の中からたまたま選ばれた2人の貯金額が10万円と30万円であるという情報をもとに，全従業員の平均貯金額を推定するとしたら，それは，いくらとみなすのが妥当なところでしょうか．

いちばん平凡ですなおなのは，2人の平均値が20万円なのだから，全員の平均値も20万円とみなしておこうという考え方です．ほんとうの平均値は20万円よりも高いかもしれないし，低いかも

見本で全体を推察する

しれませんが,しかし,高めに推定する理由もないし,低めに推定する根拠もないのですから,20万円とみなすのが高いほうにも低いほうにも偏らない公平な推定というものでしょう.

このような推定は,結論を20万円という一点に絞っているので**点推定**と呼ばれています.そして,高いほうにも低いほうにも偏らない推定値であるという意味で,**不偏推定値**と名付けられています.

ところで,このような点推定は,なんとも芸がなさすぎるように思えませんか.たまたま選ばれた2人の平均値が20万円だから,全員の平均値も20万円とみなしておこう,というだけなら子供でも思いつきそうです.もう少し気の利いた推理の働かせ方がないものでしょうか.2人の貯金額が10万円と30万円で,それを平均すれば20万円……,これ以外には情報がまったくないのだから,全員の平均値も20万円とみなす以外に手がないではないか,などといわないで,もう少し脳細胞に労働を期待してみようではありませんか.

かりに，2人の貯金額が10万円と30万円ではなく，マイナス60万円と100万円であったと思ってみてください．平均値は同じく20万円ですから全員の平均値も20万円と推定するところは同じですが，けれども，推定する自信のほどがちがいます．10万円と30万円の場合には，これらの値が比較的20万円に近いところにありますから，全従業員の貯金額も20万円の付近にある可能性が強く，したがって，全員の平均貯金額が20万円から滅法に離れた値である可能性は少ないと考えられます．つまり，推定値の20万円は，いくらかは自信のある値です．

これに対して，マイナス60万円と100万円の場合には，なにしろ，2人の貯金額がむちゃくちゃに異なるほどですから，他の従業員の貯金額も多いのやら少ないのやら見当もつかず，したがって，全従業員の平均貯金額がどのあたりの値なのか，てんで見当もつかないというのが本音です．2人の平均値が20万円なので，とりあえず全員の平均値も20万円と推定はしてみたものの，この推定には，まるで自信がありません．このように，2人の貯金額のばらつきが小さければ推定には自信が持てるし，ばらつきが大きければ推定の自信は心細くなってきます．

さらに，いまはたった2人の平均値が20万円なので，全員の平均がへたをすると20万円からかなり離れた値なのではないかとの疑いを捨てきれないのですが，もし，従業員から偶然に選ばれた100人の平均値が20万円であったとすれば，全員の平均値も20万円にごく近い値であるに相違ありません．つまり，標本（サンプル）が少なければその標本による推定には自信を持てないし，標本が多くなればなるほど自信たっぷりの推定ができようというものです．

こういう次第で，全体の中からたまたま選ばれた標本の値を使って全体——統計数学の用語では**母集団**といいます——の平均値を推定する場合，標本の値のばらつきが小さいほど，また，標本の数が多いほど自信に満ちた推定ができるし，反対に，標本の値がばらついているほど，また，標本の数が少ないほど自信のない推定になってしまうのですから，この自信のほどを付記して推定結果を発表することにしましょう．この推定法は，2つの標本の平均が20万円だから母集団の平均も20万円とみなそうという点推定がぶっきらぼうで子供じみているのに対して，いかにもレベルの高い大人の語り口ではありませんか．

では，自信のほどを付記した推定値を発表するには，どう表現すればいいでしょうか．それには，「全員の平均値が18万円から22万円の間にある確率は90%である」とか，「母集団の平均値は95%の確率で15万円〜25万円の間にある」のように表現すればいいはずです．こうすれば確率が高いほど推定の自信が強く，推定値が存在する区間の幅が狭いほど自信に満ちた推定であることが明らかでしょう．

このような推定は，推定値が存在する区間を指定しているというので**区間推定**と呼ばれています．そして，「母集団の平均値は95%の確率で15万円〜25万円の間にある」と推定されるとき，「母集団の平均値の95% **信頼区間**は15万円〜25万円である」と気どっていい，この95%を推定の**信頼水準**と呼ぶのが統計数学の作法です．

いうまでもなく，区間推定は点推定に比べてはるかに高級です．なにしろ，標本の数や標本の値のばらつきまで考慮に入れて，推定の自信のほどもちゃんと計算してやろうというのですから……．そ

こで，この章では，区間推定の手口をちくいち紹介していこうと思います．いくらか手間がかかりますが，統計解析の真髄に迫る第一歩ですから，あせらずにゆっくりとお付き合いねがいます．

ちなみに，先走るようですが，代表者2人の貯金額が10万円と30万円とであることから，全従業員の平均貯金額を区間推定してみると

  50% 信頼区間は　　10～30 万円
  70% 信頼区間は　　 0～40 万円
  90% 信頼区間は　　−43～83 万円

くらいになります．90%の自信を持って推定しようものなら，全員の平均貯金額が大きな赤字である可能性も少なくないのですから，従業員が平均して20万円も貯金できるくらいなら，給料は決して低すぎないのだから賃上げには応じられないという経営者の主張は，根拠の薄いものといわざるを得ません．

かりに標準偏差がわかっているとするなら

全従業員の中から，くじびきか何かで1名の標本を選んだところ，その人は昨年中に20万円の貯金をしていたとしましょう．この情報から全従業員の昨年の平均貯金額を推定してみてください．点推定なら，もちろん20万円と推定することになりますが，ここでは，子供じみた点推定ではなく，区間推定をしてみようというわけです．

実は，この情報だけでは区間推定はできないのです．その理由はあとでわかりますが，前へ進むために，ここでは2, 3の仮定を約束させていただきます．

1つには，全従業員の昨年の貯金額が正規分布*をしていると仮定します．この仮定は，かなり道理に適っています．常識的に考えて，各人の1年間の貯金額は何万円とか何十万円とかの人が多く，何百万円も貯金できた人はめったにいないでしょうし，反対に，何十万円も何百万円も赤字になってしまった人も少ないでしょう．だから，きっと，何十万円かを中心にして両側にすそを広げた山形の分布をしているにちがいありません．そういう形の分布をしていれば，正規分布とみなしてことを運んでも大きな過失を犯すことはないので，貯金額は正規分布をすると仮定することにします．そして，この仮定は，一応の道理がありますから，当分解除するつもりはありません．

2つめには，全従業員の昨年の貯金額は標準偏差*が10万円であったと仮定します．この仮定は，むちゃくちゃです．全員の平均値さえわからないのですから，標準偏差がわかるはずがないし，それに，10万円の根拠など，まるでないのです．したがって，この仮定はなるべく早く解除するつもりですから，しばらくは目をつぶって勘弁してやってください．

さらに，実はもう1つの仮定があります．それは，従業員の数が非常に多いということです．数学的に厳密にいえば，従業員の数が無限でないといけないのですが，現実問題としては数百名以上であれば十把一絡げに従業員の数が無限である場合の理屈を適用するこ

---

* この本を読み出されたほどの方なら，正規分布や標準偏差はすでにご存知のこととは思いますが，もしご存知なければ，恐縮ですが『統計のはなし』（改訂版）61ページから126ページあたりまでを読んでいただけませんか．

とができます．そして，従業員
の数が少ない場合に比べて，従
業員の数が無限であるとしたと
きのほうが，ずっと理屈が簡単
なので，この仮定を採用しよう
というわけです**．

話をもとに戻します．たまた
ま選び出された 1 つの標本が
20 万円であるという情報を手

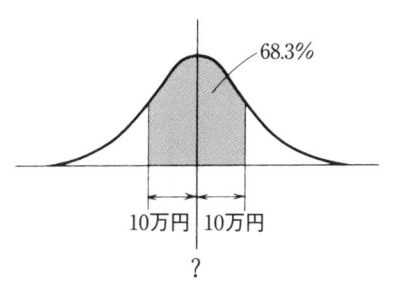

図 2.1　？±標準偏差に 68.3％ が含まれる

がかりに，母集団の平均値を区間推定しようとしているのでした．
こんどは，2 つの仮定を設けたので区間推定ができます．

上の図 2.1 を見ながら考えてみてください．全従業員の貯金額は，
ある値？を中心にして標準偏差 10 万円で正規分布しています．正
規分布の場合には，中心の値が即，平均値ですから，全従業員の貯
金額は平均値？のまわりに標準偏差 10 万円で正規分布している，
といってもかまいません．

いま選び出された 1 つの標本 20 万円は，この正規分布の中から
偶然に取り出されたのですから，その「20 万円」が

　　？±10 万円

の区間内にあった確率は 68.3％ です．なぜかというと，巻末の付
表 1（295 ページ）を見ていただけばおわかりのように，データが正
規分布する場合にはデータの 68.3％ が平均値±標準偏差の区間に

**　構成要素の数が無限であると考えた母集団を**無限母集団**といい，これに対し
て，有限な要素からなる母集団を**有限母集団**といいます．

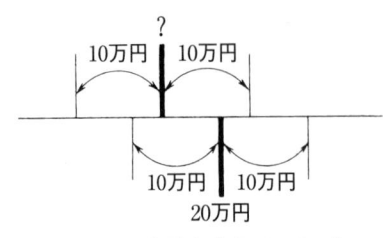

図2.2 立場を変えてみれば

含まれるので，1つのデータをでたらめに取り出すとそのデータが平均値±標準偏差の区間から取り出される確率は68.3%だからです．

さて，「20万円」が？±10万円の区間にある確率が68.3%なら，？が20万円±10万円の区間にある確率も68.3%のはずです．図2.2を見ていただくと納得しやすいと思いますが，「20万円」が？±10万円の区間にあるということ，？が20万円±10万円の区間にあるということとは，まったく同じ事実を物語っているからです．

これで，平均値？の区間推定が1つだけ求まりました．すなわち

　　？の68.3%信頼区間は20万円±10万円

です．

ところで，全員の平均値は不明な値なので？と書いてきましたが，これでは格調が低くて数学の本にはふさわしくありません．そこで，これからは

　　母集団の平均値を　　μ

　　母集団の標準偏差を　σ

と書くことにしましょう．μ は mean（平均値）の頭文字mに相当するギリシア文字で「ミュー」と読み，σ は standard deviation（標準偏差）の頭文字sに相当するギリシア文字で「シグマ」と読むのです．前々ページに書いたように，母集団の構成要素が無限であると考えて話を進めているのですから，その平均値や標準偏差は神ならぬ私たちにとっては，しょせん知ることのできない値です．神

様にしかわからないような値なので神秘的なギリシア文字を使うのだと思っておいてください．

この記号を使って前の結論をもういちど書いてみると，「μ の 68.3% 信頼区間は 20 万円 ± 10 万円」というわけですが，それでは，90% 信頼区間や 95% 信頼区間を求めるにはどうすればいいでしょうか．

正規分布の性質さえ知っていれば，これらを求めるのは少しもむずかしくはありません．正規分布する母集団では

$\mu \pm 1.65\sigma$ の 区間に 90%

$\mu \pm 1.96\sigma$ の 区間に 95%

の構成要素が含まれていますから，前ページとまったく同じ思考過程をたどれば

μ の 90% 信頼区間は 20 万円 ± 1.65 × 10 万円
　　　　　　　　　　　= 3.5 万円〜36.5 万円

μ の 95% 信頼区間は 20 万円 ± 1.96 × 10 万円
　　　　　　　　　　　= 0.4 万円〜39.6 万円

であることが判明します．つまり，全従業員の貯金額の標準偏差が 10 万円であると仮定すれば，1 つの標本が 20 万円であるという情報によって全員の平均値を推定すると，3.5〜36.5 万円といえば 90% は当たるし，0.4〜39.6 万円といえば 95% は当たるというわけです．

当たる確率，つまり信頼水準を高くすればするほど区間推定の幅が広がります．逆にいえば，推定の区間を広くとればとるほど当たる確率は増大します．考えてみれば当たり前のことで，たくさんの容疑者を捕まえるほど，その中にホシが含まれる確率が高くなるよ

うなものです.

最後に, もうちょっと一般的な表現をしておきましょうか. 母集団の標準偏差σがわかっているとき, 1つの標本の値がxであることから母集団の平均値μを区間推定すると

 μの68.3% 信頼区間は $x \pm \sigma$

 μの90%　　信頼区間は $x \pm 1.65\sigma$

 μの95%　　信頼区間は $x \pm 1.96\sigma$

となります.

標本が2つになれば

前の節では, 1つの標本の値xを使って母集団の平均値μを区間推定したのですが, 2つの標本がある場合にはどのように区間推定をすればよいでしょうか. 標本の数が1つの場合より, 推定の確かさは一段と向上するにちがいないと思うのですが…….

そこで, 全従業員の中から2人の代表を選んだところ, 昨年の貯金額はそれぞれ10万円と30万円であったとして, 全員の平均値を区間推定してみることにします. 全員の貯金額の標準偏差は, あいかわらず10万円であると仮定したままで, です.

推定の作業にはいるまえに, 正規分布の重要な性質の1つである「加法性」を思い出しておかなければなりません. お付き合いのほどを…….

これからは「平均値がμで, 標準偏差がσである正規分布」と書くのはめんどうなばかりか重苦しいので, これを

 $N(\mu, \sigma^2)$

と略記することにしましょう．こういう記号を使うと，とたんに嫌気がさす方も少なくないとは思いますが，Nは，Normal distribution（正規分布）の頭文字ですから正規分布であることを表わすにすぎず，また（　）の中には平均値と標準偏差の2乗を書いてあるだけですから，むずかしく考えないでください．（　）の中に標準偏差σではなくσ^2が書かれているところが気にくわないかもしれませんが，σ^2は**分散**といい，数学的な取り扱いの場ではσよりσ^2のほうが便利なことが多いのですから，がまんをしていただきます．

さて，ここに2つの集団があり，それぞれ

$N(\mu_1,\ \sigma_1^2)$

$N(\mu_2,\ \sigma_2^2)$

の正規分布をしているとしましょう．このとき，両方の正規分布から1つずつの値を取り出して

$N(\mu_1,\ \sigma_1^2)$から取り出された値

$+N(\mu_2,\ \sigma_2^2)$から取り出された値

という新しい値を作ることをくり返すと，この新しい値は

$N(\mu_1+\mu_2,\ \sigma_1^2+\sigma_2^2)$

という正規分布をする性質があり，これを正規分布の加法性[*]というのでした．

ここで，もとの2つの集団がまったく等しいとしてみてください．つまり，

$\mu_1=\mu_2$　（これをμとしましょう）

---

[*] 正規分布の加法性については，『統計のはなし』（改訂版）75ページ，96ページあたりに，具体的な例を挙げて説明してあります．

$$\sigma_1 = \sigma_2 \quad (これを \sigma としましょう)$$

とするのです．そうすると

$$N(\mu, \sigma^2)$$

から取り出された2つの値の和は

$$N(\mu+\mu, \sigma^2+\sigma^2) = N(2\mu, 2\sigma^2)$$

の正規分布をすることがわかります．つまり，$N(\mu, \sigma^2)$から取り出された2つの値の和は

平 均 値 $= 2\mu$

標準偏差 $= \sqrt{2\sigma^2} = \sqrt{2}\sigma$

の正規分布をすることになります．

それでは，$N(\mu, \sigma^2)$から取り出された2つの値の平均値はどのような分布をするでしょうか．2つの値の平均値は，2つの値の和を半分に割った値です．したがって，$N(2\mu, 2\sigma^2)$に属するすべての値を半分にした正規分布をするにちがいありません．だから

「2つの標本の平均値」の平均値 $= \dfrac{2\mu}{2} = \mu$

「2つの標本の平均値」の標準偏差 $= \dfrac{\sqrt{2}\sigma}{2} = \dfrac{1}{\sqrt{2}}\sigma$

となるはずです．

ところで，「2つの標本の平均値の平均値」の意味がのみ込みにくいかもしれません．のみ込みにくい方は，もういちどつぎのような状況を脳裡に描いてみてください(図2.3参照)．正規分布する母集団からでたらめに2つの標本を取り出し，その平均値を記録したのち2つの標本をもとの母集団へ戻します．つづいて，また2つの標本を取り出して平均値を記録してもとへ戻すのです．こういう退

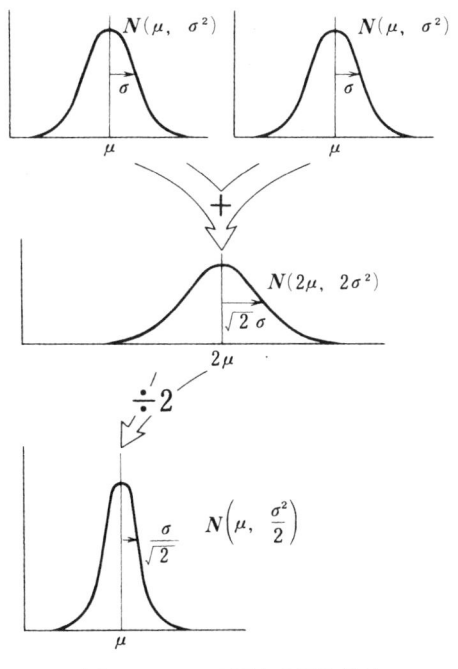

屈な作業をなんべんもくり返していくと手もとに平均値のデータがたくさん集まります．これらのデータには偶然のいたずらによって大きめのものも小さめのものもあり，ばらついているはずですが，これらのデータがまた正規分布をすることが知られています．そして，これらのデータの平均値が「2つの標本の平均値の平均値」というわけです．

図 2.3　2つの標本の平均値は

ここまで準備をしておいて，推定の作業に戻ります．私たちは

$$N(\mu, (10万円)^2)$$

から取り出された2つの値が10万円と30万円であり，その平均値が20万円であることを知っています．そして，この20万円は，前ページの結論に従えば

平 均 値 $= \mu$

標準偏差 $= \dfrac{1}{\sqrt{2}} \times 10$ 万円 $\fallingdotseq 7.1$ 万円

の正規分布から取り出された1つの値だというのです．

ここまでわかれば，あとは前節の思考過程をそのままたどって

μ の 68.3% 信頼区間は　20万円±7.1万円
　　　　　　　　　　　　＝12.9万円〜27.1万円

μ の　90% 信頼区間は　20万円±1.65×7.1万円
　　　　　　　　　　　　≒8.3万円〜31.7万円

μ の　95% 信頼区間は　20万円±1.96×7.1万円
　　　　　　　　　　　　≒6.1万円〜33.9万円

という区間推定をするのは，むずかしくないでしょう．

前節の区間推定の結果と比べてみてください．標本が1つから2つに増えたので，同じ信頼水準なら推定区間の幅が狭くなっており，推定の精度が向上していることが確認できるはずです．

標本がもっと多ければ

ホップ，ステップときて，こんどはジャンプのばんです．標本の数が1つのとき，2つのときと進んできたので，こんどは3つの場合です．全従業員の中から3人を選んだら，昨年の貯金額はそれぞれ，10万円，20万円，30万円であったとしましょう．平均値は，やはり20万円ですが，全員の平均値はどのように推定されるでしょうか．

前節で，$N(\mu, \sigma^2)$から取り出された2つの標本の和は

$\quad N(2\mu, 2\sigma^2)$

の正規分布をすることを知りました．そうすると，3つの標本の和は，

$\quad N(\mu, \sigma^2)$ と $N(2\mu, 2\sigma^2)$

とから1つずつの値を取り出して加え合わせた値ですから

$$N(\mu+2\mu,\ \sigma^2+2\sigma^2)=N(3\mu,\ 3\sigma^2)$$

の分布をするはずです．つまり

　　平　均　値　3μ

　　標準偏差　$\sqrt{3}\sigma$

の正規分布をすることになります．ところが，3つの標本の平均値は，3つの標本の和を3で割った値ですから

$$\text{「3つの標本の平均値」の平均値}=\frac{3\mu}{3}=\mu$$

$$\text{「3つの標本の平均値」の標準偏差}=\frac{\sqrt{3}\sigma}{3}=\frac{1}{\sqrt{3}}\sigma$$

の正規分布をすることになります．

　同じように，標本の数をだんだんに増していくと

　　「n 個の標本の平均値」の平均値は　　μ

　　「n 個の標本の平均値」の標準偏差は　$\dfrac{1}{\sqrt{n}}\sigma$

であることを納得していただけるはずです．

　話をもとに戻して，σ が10万円であるとの仮定のもとに3つの標本の平均が20万円であったことから全員の平均値を推定していきます．この20万円は，9行ほど前の結論によって

　　平　均　値 $=\mu$

　　標準偏差 $=\dfrac{1}{\sqrt{3}}\times 10$ 万円 $\fallingdotseq 5.8$ 万円

の正規分布から偶然に取り出された1つの値ですから，

　　μ の 68.3% 信頼区間は　20万円 ± 5.8 万円

$$= 14.2\,\text{万円} \sim 25.8\,\text{万円}$$

μ の　90% 信頼区間は　　$20\,\text{万円} \pm 1.65 \times 5.8\,\text{万円}$

$$\fallingdotseq 10.4\,\text{万円} \sim 29.6\,\text{万円}$$

μ の　95% 信頼区間は　　$20\,\text{万円} \pm 1.96 \times 5.8\,\text{万円}$

$$\fallingdotseq 8.6\,\text{万円} \sim 31.4\,\text{万円}$$

という次第です.

かりに,標本の数が 100 個もあって,その平均が 20 万円であるとしたらどうでしょうか.この平均値は

平均値 $= \mu$

標準偏差 $= \dfrac{1}{\sqrt{100}} \times 10\,\text{万円} = 1\,\text{万円}$

の正規分布から取り出された 1 つの値と考えられますから

μ の 90% 信頼区間は　　$20\,\text{万円} \pm 1.65 \times 1\,\text{万円}$

$$= 18.35\,\text{万円} \sim 21.65\,\text{万円}$$

μ の 95% 信頼区間は　　$20\,\text{万円} \pm 1.96 \times 1\,\text{万円}$

$$= 18.04\,\text{万円} \sim 21.96\,\text{万円}$$

となり,たいへんに精度のいい区間推定ができることになります.

標準偏差がわからなければ

母集団の標準偏差がわかってさえいれば,標本の数がいくつであっても母集団の平均値を区間推定することができます.けれども,母集団の平均値さえわからないときに,その標準偏差だけがわかっていることなど絶対にといっていいほどあり得ないことです.だから,母集団の標準偏差がわかっていると仮定して平均値を区間推定

するのは現実問題としてはナンセンスです．ナンセンスなことの説明に 10 ページもの紙面を使ってしまい，申しわけありませんでした．けれども，一見，ムダのようでも実は重要な役割を果たしていることが人生にも少なくないように，ここまでの 10 ページは先へ進むための一段階として重要な役割を果たしているのですから，お許しをいただきたいと思います．

さて，これから先は全従業員の貯金額の標準偏差は 10 万円，という勝手な仮定は破棄しましょう．全員については平均値も標準偏差もわかっていないという，当たり前の姿に戻ります．そして，いくつかの標本の値で全員の平均値を区間推定するという難問に挑戦していこうと，けなげにも誓うのです．

まず，標本が 1 つだけの場合から考えていきます．全従業員の中から 1 人の代表者を選んだら，彼の昨年の貯金額は 20 万円であったと思っていただきましょう．この情報から，全員の貯金額を区間推定できるでしょうか．「ノー」です．その理由は，つぎのとおりです．

区間推定は，ずっと前に書いたように，自信のほどを明らかにしながら推定をする手法ですが，自信のほどは標本の数と標本のばらつきの大きさによって決まります．標準偏差がなんらかの理由でわかっている場合には，標本がたった 1 つでも，標本の数の少なさが自信のなさに結びついて，ふつうの信頼水準を確保しようとするなら滅法に幅広い推定区間を示すはめになりますが，それはそれで一応の推定が可能です．これに対して，標準偏差がわかっていない場合に標本が 1 つしかなければ，標本からばらつきの大きさを読み取れないので，母集団のほうのばらつきを推理する術がなく，したが

って推定の自信のほどを見積もることができません．

　全従業員の貯金額の場合なら，なにしろ年間収入が数百万円程度なのだから，1年間の貯金額のばらつきは常識的にみて，ある程度の見当がつくはずだ，とお考えの方がおられたら，それは考え違いというものです．いま私たちは，平均値も標準偏差もまったくわからない母集団から1つの標本を取り出した場合について統計数学の立場から考えようとしているのであり，従業員の貯金額の話は1つの例として扱っているにすぎませんから，数学以外の社会常識を動員して勝手な見当をつけては困るのです．

　それでは，標本の数が2つならどうでしょうか．こんどは，母集団の平均値を区間推定することができます．2つの標本の値にどの程度の差があるかによって，母集団のばらつきを推理することができるからです．

　私たちの例に戻ります．全従業員から選ばれた2人の貯金額が10万円と30万円であったとしましょう．この2つのデータから標準偏差を計算してみると，2つのデータの平均値は20万円ですから

$$s = \sqrt{\frac{(10-20)^2 + (30-20)^2}{2}} = 10 \text{万円}$$

となります．この10万円はたった2つの標本から得た標準偏差ですが，しかし，母集団の標準偏差についてはこれ以外に手がかりがないのですから，母集団の標準偏差も10万円とみなしてやればいいではないかと気がつきます．こうして，母集団の標準偏差がわかりさえすれば，前節までとまったく同じ手順で母集団の平均値を区間推定することができるではありませんか．

ところが，そうはいかないのです．標本から計算した標準偏差は，母集団のほんとうの標準偏差よりも小さい値になる傾向があり，標本の数が少ないほどその傾向が著しいからです．

その理由は，つぎのとおりです．いまかりに，平均値も標準偏差もわからない正規分布から，2つの標本

  1, 5

が得られていたとします．この2つの標本の平均値は

$$\bar{x} = \frac{1+5}{2} = 3$$

ですから，標準偏差は

$$s = \sqrt{\frac{(1-3)^2 + (5-3)^2}{2}} = 2$$

です．平均値を3として計算するとこうなるのですが，けれども，母集団のほんとうの平均値が3であるという保証はどこにもありません．前にも書いたように，標本から求めた平均値は母集団の平均値の不偏推定値ではありますが，それは，母集団の平均値が3より大きい確率と3より小さい確率が等しいといっているだけであり，母集団の平均値がぴったり3であると保証しているわけではないのです．実際には，母集団の平均値は3よりもいくらか大きかったり小さかったりする可能性が大です．

もしも，ほんとうの平均値が3ではなくて4であったらどうでしょうか．そのときには，母集団の標準偏差は

$$\sqrt{\frac{(1-4)^2 + (5-4)^2}{2}} \fallingdotseq 2.24$$

とみなすのが公平なところです．また，ほんとうの平均値が3では

なく1であったとすれば，母集団の標準偏差は

$$\sqrt{\frac{(1-1)^2+(5-1)^2}{2}} \fallingdotseq 2.83$$

とみなさなければなりません．いずれにせよ，ほんとうの平均値が3でないとすれば，平均値を3として計算した

$s=2$

よりは大きな値になってしまいます．いいかえれば，$s=2$は母集団の標準偏差を表わす値としては小さく見積もりすぎていることは明らかです．なにしろ，sを計算していく過程を見ていただくとわかるように，2つの値との差の合計がもっとも小さくなるように，いいかえれば2つの値との差を2乗した値の合計がもっとも小さくなるように，標本が自分たちだけで架空の平均値を決めてしまっているのですから……．

それでも手はある

標本から得た標準偏差は小さいほうへ偏っているので，そのままでは母集団の標準偏差としては使えないと前節で書いてきました．それなら，いったいどうすればよいのでしょうか．

本論を進める前に，用語と記号を整理しておきたいと思います．いちいち，母集団の標準偏差などと書いていたのでは，書くほうの手間もさることながら，暑苦しくていけません．で，これからは，母集団の平均値を**母平均**，母集団の標準偏差を**母標準偏差**などと呼ぶことにします．'母'はいずれも'はは'ではなく'ぼ'と読んでください．

さらに，記号は，つぎのように統一します．

$$\begin{cases} 母平均 & \mu \\ 母分散 & \sigma^2 \\ 母標準偏差 & \sigma \end{cases}$$

$$\begin{cases} 母平均の不偏推定値 & \hat{\mu} \\ 母分散の不偏推定値 & \hat{\sigma}^2 \\ 母標準偏差の不偏推定値 & \hat{\sigma} \end{cases}$$

$$\begin{cases} 標本平均 & \bar{x} \\ 標本分散 & s^2 \\ 標本標準偏差 & s \end{cases}$$

　　　標本の値　　　　　　　$x_1, x_2, \cdots, x_i, \cdots$

このように決めると，「標本から求めた平均値は母集団の平均値の不偏推定値である」の代わりに「$\bar{x}$は$\hat{\mu}$である」というぐあいに軽やかに表現できるし，前節で述べた内容は「sはσより小さいほうに偏っているから$\hat{\sigma}$としては使えない」となってしまいます．

　なお，母集団の平均値や標準偏差は神様にしかわからない値なのでギリシア文字で表わすと前に書きましたが，これに対して，標本の平均値や標準偏差は計算すれば容易に知ることができる値なので，ありふれたローマ字で表わすのがしきたりです．不偏推定値を表わす記号は小さな帽子をかぶっているので，$\hat{\mu}$は「ミュー・ハット」というように読むし，$\bar{x}$はxの上に棒が付いているので「エックス・バー」と読むことも付記しておきましょう．標本平均は，meanの頭文字でもありμのローマ字版でもあるmを使っている参考書も少なくありませんが，この本では標本の値$x_1, x_2,$ ……などを均した値だからという意味で$\bar{x}$を使うことにしました．

では，本論に戻ります．sはσより小さいほうに偏っているので$\hat{\sigma}$としては使えず，立往生しているところでした．さらに前進するためには，sを$\hat{\sigma}$に補正する方法を見つけなければなりません．

結論を先に書くと，n個の標本がある場合には

$$\hat{\sigma}^2 = \frac{n}{n-1} s^2 \tag{2.1}$$

であることがわかっています．つまり，標本が2つならs^2を2倍，標本が3つならばs^2を1.5倍した値が母分散として大きすぎも小さすぎもしない公平な推定値なのです．そして，nがうんと大きいときには，sをσの代わりに使ってもほとんど誤差がないことがわかります．

s^2と$\hat{\sigma}^2$の間に，式(2.1)の関係がある理由は，かなりむずかしくてなかなかのみ込みにくいのですが，だいたいつぎのように考えておけばいいでしょう．

前節で述べたように，sが小さいほうへ偏りすぎる理由は，ほん

sがもっとも小さくなるように
　　　データが $\bar{x}$ をきめてしまう

とうの平均値 μ がわからないまま，s がもっとも小さくなるように標本が自分たちだけで勝手に架空の平均値を決めてしまっているところにあります．こういう操作をすると，実は，標本が1つだけ減少したのと同じ効果を生じてしまうのです．前節の例でいうならば，2つの標本は

  1, 5

であったのですが，2つの標本の平均を3と決めてしまうと，いっぽうの標本が1なら他方は自動的に5に決まってしまうし，いっぽうが5であれば他方は1でなければならないので，2つあるように見える標本も実は1つしかないのと同じことになってしまうのです．このように標本から算出した平均値を使うことによって，標本の数が1つだけ減少したのと同じ効果が発生するのですから，s を求める過程で，標本の数 n で割って

$$s^2 = \frac{\Sigma(x_i-\bar{x})^2}{n} \tag{2.2}$$

とするのではなく，標本の数が $n-1$ であるとみなして

$$s^2 = \frac{\Sigma(x_i-\bar{x})^2}{n-1} \tag{2.3}$$

とすれば，勝手に平均値を作り出して使ったために s が小さくなりすぎる欠点を除去できようというものです．こういうわけなので，式(2.3)の s^2 を σ^2 の代用として，つまり $\hat{\sigma}^2$ として使うことにすると

$$\hat{\sigma}^2 = \frac{\Sigma(x_i-\bar{x})^2}{n-1}$$

ですから，これを変形して

$$= \frac{n}{n-1} \frac{\Sigma(x_i-\bar{x})^2}{n} = \frac{n}{n-1} s^2$$

となり，前々ページに書いた結論の式(2.1)が出現します．

こういういきさつがあるので，標本から作り出して使用している平均値の数を標本の数から差し引いた値を**自由度**と名付けています．標本の数がたとえn個あったとしても，平均値を1つ決めてしまえばn個のうちの最後の1個は自動的に値が決まってしまい，自由な値を選択できるのは$n-1$個だからです．この場合，自由度をϕと書けば

$$\phi = n - 1 \tag{2.4}$$

ということになります．ϕはファイと読み，fに相当するギリシア文字です．fは，degree of freedom(自由度)のfをとっていることはご明察のとおりですが，自由度は神ならぬ私たちでもわかる値ですからギリシア文字ϕで表わすのは趣旨が一貫していないように思えます．しかし，統計数学ではfはfrequency(ひん度)を表わすほうに使うので，自由度のほうはϕと書くしきたりになってしまったのでしょう．

なお，実務的な統計の参考書では，標本分散s^2を式(2.3)の形に書いてあるものが少なくありません．そうしておけば，そのままでσの代用に使えるので実務上の利点が多いからでしょう．けれども，分散とか標準偏差とかの概念は，数学や物理学で使われる他の概念と連携を保ちながら1つの思想体系を作り上げており，その体系の中では式(2.2)で定義されているのですから，この本ではオーソドックスにs^2は式(2.2)で表わしておこうと思います．

やっと,できそう

話があちらこちらと迂回していて,なかなか前へ進みません.けれども,このあたりが統計解析の基本的なところですから,いたずらに小手先の技法ばかりを追わずに,じっくりと考え方を整理していこうと思います.

私たちは,μ も σ もわからない正規分布の母集団から取り出されたいくつかの標本の値をもとに,μ を区間推定しようとしているのでした.そして,標本の平均値 $\bar{x}$ はそのままで,μ の不偏推定値 $\hat{\mu}$ として使えること,すなわち

$$\hat{\mu} = \bar{x}$$

であることはわかっているのですが,標本から求めた s がそのままでは σ の代わりに使えないので立往生してしまったのでした.ところが,その後の検討によって

$$\hat{\sigma}^2 = \frac{n}{n-1} s^2 \qquad (2.1) と同じ$$

であることがわかったので,もうしめたものです.この節のはじめのほうで,σ がわかっていると仮定するなら,n 個の標本平均 $\bar{x}$ は母平均 μ のまわりに

$$\frac{1}{\sqrt{n}} \sigma$$

の標準偏差で正規分布するという性質を利用して,わけなく μ を区間推定できたように,式(2.1)から求めた $\hat{\sigma}$ を σ の代わりに使えば μ を区間推定できるにちがいありません……と安堵したいところですが,困ったことに,そうは問屋がおろさないのです.$\bar{x}$ のほうは

42

```
正規分布の数表は      68.3%
N(0,1)で作られ
ている.           標準偏差 = 1

    -3 -2 -1  0  1  2  3
```

```
μの区間推定は      標準偏差 = σ/√n
こうやる.

          μ    x̄
```

正規分布の数表では $\dfrac{\bar{x}-\mu}{\dfrac{\sigma}{\sqrt{n}}}$

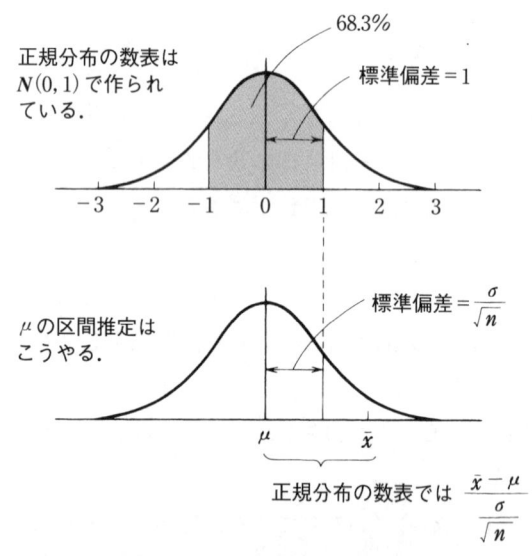

図 2.4　規準化された正規分布表を使うために

正規分布をしているのですが, s^2 のほうが正規分布をしていないために, $\bar{x}$ と s^2 の両方から求めようとしている $\hat{\mu}$ が正規分布をしてくれず, したがって, 正規分布の数表を使って μ を区間推定することができないから参ってしまいます.

けれども,「求めよ, さらば与えられん. 尋ねよ, さらば見出さん. 門をたたけ, さらば開かれん」です. 標本の値で母平均を区間推定するという難問に挑戦していこうとけなげな誓いをたててスタートした以上, このくらいで参っていたのでは男がすたります. もういちど初心に帰って, σ がわかっていると仮定して μ の区間推定をしたときのことをふり返ってみましょう.

n 個の標本平均が $\bar{x}$ が μ のまわりに $\sigma/\sqrt{n}$ の標準偏差で正規分布するという性質を利用して正規分布の数表を利用したのですが, 正

規分布の数表では,正規分布の横軸の値は標準偏差を単位として示されています.つまり,正規分布の数表は

$$N(0, 1)$$

として作られています.いうなれば,どんな正規分布にでも活用できるように,正規分布を規準化して数表にしてあります.そうしないと平均値や標準偏差が変わるたびにいちいち別の数表を準備しなければならず,とてもじゃないけれど付き合っていられないからです.ですから,μを推定するときには

$$\bar{x} - \mu$$

を,標準偏差を単位とした値

$$\frac{\bar{x} - \mu}{\frac{\sigma}{\sqrt{n}}} \tag{※}$$

として読み取り,それが

$$N(0, 1)$$

の正規分布をするとして,数表を利用していたことになります.規準化された正規分布表を使うためには,データのほうも式(※)のように規準化することが必要だったからです(図2.4参照).

ところが,こんどはσがわからないので,この手順が使えなくて立往生していたのですが,その後,σの代わりに式(2.1)から求めた

$$\hat{\sigma} = \sqrt{\frac{n}{n-1}} s \tag{2.5}$$

を使えばよいことに気がつきました[*].そこで,式(※)のσの代わりに式(2.5)の$\hat{\sigma}$を代入すれば

$$\frac{\bar{x}-\mu}{\sqrt{\dfrac{n}{n-1}}\dfrac{s}{\sqrt{n}}} = \frac{\bar{x}-\mu}{\dfrac{s}{\sqrt{n-1}}}$$

となりますから,この値が$N(0, 1)$の正規分布をするとして数表を利用すればいいではないかと解決への糸口を見出して安堵したのですが,あにはからんや,そうは問屋がおろさないぞ,この値は正規分布しないのだ,といわれて参ってしまったのでした.どうすれば問屋がおろしてくれるのでしょうか.

解決への近道は,この値,つまり,この値を t とすれば

$$t = \frac{\bar{x}-\mu}{\dfrac{s}{\sqrt{n-1}}} \tag{2.6}$$

が,どのような分布をするのかを調べて,その数表を作り上げてしまうことです.そうすれば,正規分布の数表の代わりにこの数表を使ってμの区間推定ができるにちがいありません.既成の数表で問題が解決しなければ,問題解決に必要な数表をしゃにむに作り出してでも問題を解決してしまおうというたくましい開拓者魂がここにあります.とはいうものの,この分布を数学的に求めるにはこの本のレベルをはるかに超えた高度な理論展開が必要ですし,実験的に

---

* 母分散の不偏推定値$\hat{\sigma}^2$は式(2.1)のように$\hat{\sigma}^2 = \dfrac{n}{n-1}s^2$です.この式の両辺を平方に開くと$\hat{\sigma} = \sqrt{\dfrac{n}{n-1}}s$となりますが,これは数式の形だけのことであり,$\sigma$の不偏推定値$\sigma$は$\sqrt{\dfrac{n}{n-1}}s$ではありません.$s^2$の分布と,それを平方に開いた$s$の分布とでは形が異なるからです.詳しくは,『統計のはなし』(改訂版)109ページを見てください.

求めるとしても，どえらい作業を強いられるはめになり，たまったものではありません．

けれども，幸いなことに，式(2.6)で表わされる t の分布は，じゅうぶんに調べられており，詳しい数表も作られています．私たちは，その結果を利用させてもらうことにしましょう．

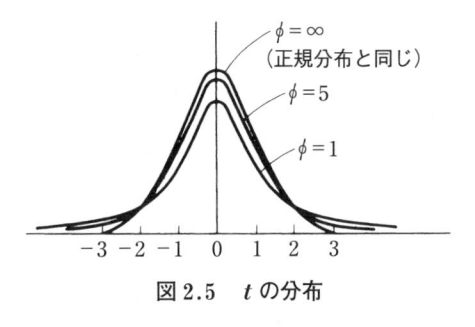

この分布は **t 分布**** と名付けられ，図2.5のような形をしています．自由度 ϕ が無限大のときには正規分布と完全に同じであり，ϕ が非常に大きいときには正規分布とみなして数表を使ってもほとんど誤差がありません．けれども，ϕ が小さくなるにつれて山頂が低くなると同時にやせ細り，そのぶんだけ裾野がゆったりと広がってゆきます．ですから，ϕ が小さいときには正規分布の数表で代用することができず，ぜひとも t 分布の数表を使っていただかなければなりません．

t 分布の数表は，統計の本にはたいてい付いています．けれども，

図2.5　t の分布

**　t 分布の曲線を方程式で書くと

$$f(t, \phi) = \frac{\Gamma\left[\frac{1}{2}(\phi+1)\right]}{\sqrt{\phi\pi}\,\Gamma\left(\frac{1}{2}\phi\right)} \left(1+\frac{t^2}{\phi}\right)^{-\frac{1}{2}(\phi+1)}$$

という形をしています．Γ はガンマ関数と呼ばれるもので，$n!$ と書かれる階乗記号の発展形みたいなものです．どうですか，すさまじい形をしているではありませんか．もちろん，覚える必要は毛頭ありませんが……．

表 2.1　t の値の表

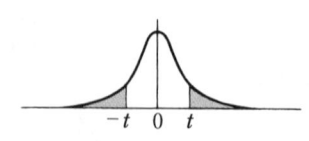

ϕ	両すその面積		
	0.1	0.05	0.01
1	6.314	12.706	63.657
2	2.920	4.303	9.925
3	2.353	3.182	5.841
⋮	⋮	⋮	⋮
∞	1.654	1.960	2.576

t 分布は ϕ の値によって変化するので，正規分布のときとは異なった数表にせざるを得ません．一般には表 2.1 のように，両すそ薄墨を塗った部分に含まれる面積が全体の 0.1 とか 0.01 などのようにきまりのいい値になるような t の値を並べてあります．この本をもう少し読み進んでいただくとわかるように，t 分布表を使う目的からみて，それでじゅうぶんだからです．もちろん，自由度の 1 つひとつについて正規分布のときと同じスタイルに作った数表もないことはありませんが，いまのところはそれほど凝る必要はありません．

さあ，やっと準備完了です．私たちは，μ も σ もわからない正規母集団から取り出されたいくつかの標本の値によって，μ を区間推定しようとしていたのですが

$$t = \frac{\bar{x} - \mu}{\dfrac{s}{\sqrt{n-1}}}$$
(2.6)に同じ

で表わされる t の値を入手しましたし，$\bar{x}$ も s も n も標本から計算できますから，これで μ も求まるにちがいありません．

やっと，できた

あまり準備に手間どっていたので，私たちの問題を忘れてしまったようです．もういちど書きましょう．全従業員の中から偶然に選ばれた2人の昨年の貯金額が10万円と30万円でした．これをもとに，全員の貯金額の平均値 μ を区間推定してください．

まず，これらの値を式(2.6)に代入します．めんどうなので単位は省略しますが，金額については万円が単位であることを，お忘れなく……．

$$\bar{x} = \frac{10+30}{2} = 20$$

$$s = \sqrt{\frac{(10-20)^2 + (30-20)^2}{2}} = 10$$

ですから

$$t = \frac{20-\mu}{\frac{10}{\sqrt{2-1}}} = \frac{20-\mu}{10} \tag{2.7}$$

となります．つぎに前ページの t の数表を見てください．n は2ですが，平均値 $\bar{x}$ を使っていますから，自由度 ϕ は1です．そして，90%信頼区間を求めるために両すその面積が10%，つまり0.1になるような t の値を読み取ると

6.314

となるはずです．これは，表の上に描いてある説明図を見ていただくとわかるように

$$t = \pm 6.314 \tag{2.8}$$

の範囲にある確率が90％であることを意味します．

　ここで，式(2.7)を式(2.8)に代入してみてください．

$$\frac{20-\mu}{10} = \pm 6.314$$

となりますから，あとは式を変形すると

$$\mu = 20 \pm 63.14$$

が求まります．つまり

　　　μの90％信頼区間は　20万円±63.14万円

　　　　　　　　　　　　　＝－43.14万円〜83.14万円

となって，見事に全員の平均値μが区間推定できました．いやー，ご苦労さまでした．

　ついでに，95％信頼区間も求めておきましょう．t分布の数表でϕが1，両すその面積が0.05になるtの値は

　　　±12.706

ですから

　　　μの95％信頼区間は　20万円±127.06万円

　　　　　　　　　　　　　＝－107.06万円〜147.06万円

です．これが，2人の貯金額が10万円と30万円であることを理由に，「従業員が平均して20万円も貯金できるくらいなら，給料は決して低くはない」という経営者の主張に対する反論です．この区間推定の結果からは，従業員の貯金額の平均値が黒字か赤字かさえも

2. 素人探偵ものがたり

ほとんど見当がつかないくらいではありませんか.

それにしても, 平均値の推定区間が−107万円から+147万円とは, 何ごとでしょうか. こんな推定なら, 現実問題として何の役にも立たないではないかと叱られそうです. ごもっともです.

でも, 悪いのは私ではありません. 標本が少なすぎるのです. かりに標本が7つに増え,

5, 10, 15, 20, 25, 30, 35万円

であったとしたらどうでしょうか. いままでの例と同様に

$\bar{x} = 20$

$s = 10$

ですから, 標本の平均値もばらつき加減も変わらないのですが,

$$t = \frac{20-\mu}{\frac{10}{\sqrt{7-1}}} = \frac{20-\mu}{4.08}$$

であり, また, t の値は $\phi = 6$ であることに注意して付表2 (296ページ)の t 分布表を調べると

両すその面積が0.1になる $t = 1.943$

両すその面積が0.05になる $t = 2.447$

ですから

μ の90%信頼区間は 20万円±1.943×4.08

≒12万円〜28万円

μ の95%信頼区間は 20万円±2.447×4.08

≒10万円〜30万円

となります. 標本の数が7つに増えただけで, 推定区間の幅がぐっと狭くなり, これなら実用上の価値がじゅうぶんにあるでしょう.

標本が2つあれば確かにμの区間推定はできますが、しかし、たった2つの値でばらつき加減まで推測してμを区間推定しようというのですから、ひどく自信のない推定になってしまうのも、考えてみれば無理もないことでしょう．それに対して、標本の数が増えるにつれて急激に精度のよい推定になっていきますが、けれども、標本の数をやたらと多くしてもそれほどの効果は表われません．区間推定をする目的にもよりますが、標本は数十くらいが適当な場合が多いようです．

それにしても、ちょっと気になることがあります．この章では区間推定の信頼水準を90%と95%に選んでいくつかの例題を解いてきました．けれども、なぜ90%と95%を使わなければいけないのでしょうか．なぜ50%とか80%とか、あるいは99%に出番が回らないのでしょうか．

これについては、第4章でいくらか詳しく書くつもりでいますから、しばらくご辛抱いただきたいのですが、とりあえずは、つぎのように考えておいてください．

推定というのは、いうなれば犯人探しです．いくつかの標本を手がかりにして神様にしかわからないはずのμを見つけ出そうというのですから……．そのとき、信頼水準を50%以下にして推定をするようでは、せっかく逮捕した容疑者の中に犯人が含まれている確率が半分もないのですから、犯人探しとしては良好な成績とはいえません．ところが、容疑者の中に犯人が含まれている確率が90%とか95%であれば一応は良好な成績と評価されそうです．それなら、99%にすれば、もっと優秀な成績ではないかと指摘されそうですが、そのくらい高い確率にするためには、たくさんの容疑者を

容疑者を多く捕えれば
その中にホシがいる確率が
大きくなる

捕まえなければならず,あまりたくさんの容疑者を捕まえたのでは,結局どれが犯人か見当がつかなくなってしまいます.というわけで,推定の信頼水準には 90% か 95% を使うことが多いのです.

この章の抄録

この章では,ずいぶん手間をかけて母平均 μ の区間推定に挑戦し,ついに征服してきました.けれども,この努力はこれから先へ進むうえでずいぶんと役に立つに相違ありません.つぎの章では,別のタイプの推定をご紹介するつもりですし,そのつぎの章では,推定の応用動作ともいえる検定をものにしようと思っているのですが,いずれも,t 分布の数表を利用して μ の区間推定を行なったときと同じような考え方でことが運んでいくからです.

それにしても,公式集のように結論だけをぽつんと紹介するのを避け,結論に至る考え方をめんめんと書き綴ってきたのが災いして,

書いている私自身でさえ途中で何をめざして何を書いているのか混乱するていたらくでしたから、読まれた方もずいぶん右往左往されたにちがいないと申しわけなく思います．で、この章の抄録を書いておきます．

この章では，正規分布する母集団から取り出されたいくつかの標本によって母平均を区間推定する方法を述べて参りました．母集団の標準偏差がわかっていれば，正規分布の数表を使って比較的容易に母平均を区間推定できることはすぐにわかったのですが，母平均さえわからないような母集団の場合に，母標準偏差がわかっていることなど現実問題としてめったにないので弱ってしまったのでした．そこで，母標準偏差がわからないときでも正規分布の数表を利用して母平均の区間推定ができないかと，あれこれ苦労してみたのですが，どうしてもうまくいきません．けれども苦労しただけの報酬はありました．正規分布表をわずかに修正した t 分布表を使えば，母標準偏差がわかっている場合に正規分布表によって母平均を区間推定するときと同じ手順で，母標準偏差がわからなくても母平均を区間推定できることを発見したのです．

その手順は，結論的にいえば

$$t=\frac{\bar{x}-\mu}{s/\sqrt{n-1}}$$

であることを利用して

$$\mu=\bar{x}\pm t\frac{s}{\sqrt{n-1}}$$

を求めれば完了です．この式の右辺にある $\bar{x}$ は標本の平均値，s は標本の標準偏差ですから，ともにわけなく計算できるし，n は標本

の数ですから計算もいらないし，あとは t の値を t 分布表から読みとって式に代入しさえすれば，この式の計算はちっともむずかしくありません．たちまち，μ の区間推定ができてしまいます．

t 分布に慣れないうちは，t 分布表の読み方がいくらか煩わしく感じるかもしれませんし，それに，自由度という概念がなじみにくいかもしれませんが，とりあえずは

$$\text{自由度}\,\phi = n - 1$$

と信じて，90% 信頼区間を求めたければ両すその面積が 0.1 の欄に，95% 信頼区間を知りたいのなら両すその面積が 0.05 の欄に書かれた数字を読みとっておきましょう．

なお，区間推定の式で，t の前に ± が付いているのは，t 分布が左右対称でプラスでもマイナスでも同じことだからです．

ひとやすみ

3. 名探偵ものがたり

―― 推定のはなし,その2 ――

ばらつきを区間推定するには

　終戦直後の日本では,一般の庶民はまさに食うや食わずでしたから,賃上げの闘争にも生命がかかっていました.けれども,経済的な高度成長をなしとげ,国民1人当たりの所得が開発途上国の何十倍にも及ぶほど豊かな現在の日本では,どっちみち食うには困らないので,賃上げ闘争の動機も絶対的なものから相対的なものへと変化してきたように思えます.いまの賃金では食えないから賃上げを要求するのではなく,もっと豊かな生活をしたいから賃上げを要求するのであり,あいつの給料は20万円なのにぼくは18万円だから賃上げをしてほしい,というぐあいにです.

　そういうわけですから,前章で使った例でいうならば,全従業員から偶然に選ばれた2人の昨年の貯金額が10万円と30万円であったことから,全員の平均値を推定することも興味深いことには相違ありませんが,同時に全員の貯金額がどのくらいばらついているか

相対的不公平に強い不満が……

にも関心を払わずにはおれません．ばらつきが大きいほど相対的な不公平に強い不満を抱く人たちが多いにちがいないからです．

そこで，10万円と30万円という2つのデータをもとに母集団の標準偏差を区間推定してみようと思います．もう少し一般的な表現をするなら，母平均 μ も母標準偏差 σ もわからないけれども正規分布していることだけは保証されている母集団から2つの標本を取り出してみたら，それが

x_1, x_2

であったとして，x_1 と x_2 とをもとに σ を区間推定してみようというわけです．

x_1 と x_2 とから母集団のばらつきの大きさ σ を推定しようというのですから，x_1 と x_2 とが物語っているばらつきの大きさ

標本標準偏差　　$s = \sqrt{\dfrac{(x_1-\bar{x})^2+(x_2-\bar{x})^2}{2}}$

または

標本分散　$s^2 = \dfrac{(x_1-\bar{x})^2 + (x_2-\bar{x})^2}{2}$

が最大の手がかりであることは，いうに及びません．一般的にいって，母集団のばらつきが大きければ，偶然に取り出された標本も大きくばらつく可能性が多いし，逆に標本のばらつきが大きければ，その原因は母集団が大きくばらついているからだろうと考えるのが当然で，σ と s の間には密接な関係があると考えて当たり前です．その証拠に，前章で調べたところでも，σ の不偏推定値 $\hat{\sigma}$ と s の間には

$$\hat{\sigma}^2 = \dfrac{n}{n-1} s^2 \qquad\qquad (2.1)と同じ$$

という明瞭な関係があったではありませんか．

　σ と s との間にはこれほど明瞭な関係があるのですが，これだけでは s を用いて σ を区間推定することができません．その理由は，s がどのような分布をしているかがわからないからです．

　s が分布するという意味が，わかりにくいかもしれません．それは，こういうことです．母平均 μ，母標準偏差 σ の母集団から n 個の標本を取り出します．いや，いまは標本が2つの場合について考えはじめたのですから，n は2に固定しておきましょう．つまり，母集団から2個の標本を取り出します．そして，その標本から s を計算して記録したら標本はもとへ戻します．つづいて，また2個の標本を無作為に取り出して s を計算し，その値を記録して標本はもとの母集団に返します．つづいて，もういちど，さらに，もういちどとこの作業を繰り返すと，たくさんの s の値が手もとに記録されていきます．これらの s の値は決してみなが同じではありません．

3. 名探偵ものがたり

偶然のいたずらによって大きめのも小さめのもありますから，なんらかの分布をしているはずです．これが，s の分布です．

s の分布さえわかれば，s から σ を区間推定できるにちがいありません．前章で，σ がわかっていると仮定するなら標本平均 $\bar{x}$ は平均値 μ，標準偏差 $\sigma/\sqrt{n}$ の正規分布をするという性質を利用して μ を区間推定したり，また，σ がわからないときは

$$\frac{\bar{x}-\mu}{s/\sqrt{n-1}}$$

が t 分布することを利用して μ を区間推定したようにです．

こういうわけで，s の分布を調べていこうと思うのですが，s の計算式には前々ページを見ていただくまでもなく，$\sqrt{}$ が付いているので，そのぶんだけめんどうです．だから，s ではなく s^2 の分布を調べることにしましょう．s^2 の分布がわかりさえすれば s の分布もわかるのですから，なるべく簡単なほうがいいに決まっています．そういう趣旨からいえば，s^2 の計算式についている分母はたかが定数ですから，それも省略してしまい

$$(x_1-\bar{x})^2+(x_2-\bar{x})^2$$

の分布を調べるほうが，もっとよさそうです．これは，**偏差平方和**といわれる値です．$(x_1-\bar{x})$ などは平均値から偏って生じた差ですから**偏差**であり，それらを 2 乗(平方)した値の和だからです．統計の本では，これを S で表わすしきたりになっており，

$$S=(x_1-\bar{x})^2+(x_2-\bar{x})^2 \tag{3.1}$$

と書いてあるのを，ごらんになった方がおられるかもしれません．

さて，S の分布を調べてもいいのですが，ここで，もう少し智恵を働かせます．母集団のばらつきが大きいほど S も大きくなる傾向

があるので，S のままで分布を調べたのでは，きっと σ の大小によってさまざまな分布ができてしまい，煩わしいにちがいないからです．

1〜2ページ前にも書いたように，$\hat{\sigma}^2$ と s^2 の間には式(2.1)のような正比例の関係があるし，s^2 と S とは正比例しますから，$\hat{\sigma}^2$ と S とは正比例をします．$\hat{\sigma}$ は σ の不偏推定値ですから，つまるところ，σ^2 と S とは正比例の傾向があるはずです．したがって，S と σ^2 で割ってやれば，σ には影響されない値ができるにちがいありません．そのうえ，S と σ^2 とは単位が同じですから，割り算をすることによって無名数となり，つまり規準化され，どのような現象にも適用できる利用範囲の広い分布となることでしょう．というわけですから

$$\frac{S}{\sigma^2} = \frac{(x_1-\bar{x})^2+(x_2-\bar{x})^2}{\sigma^2}$$

の分布を調べていくのが智恵者のとるべき方策ということになります．

この値は，統計数学では

$$\chi^2 = \frac{S}{\sigma^2} \tag{3.2}$$

と書くことになっています．χ は，カイと読むギリシア文字なのですが，これに相当するローマ字はありません．強いてローマ字と対応させるならCHに相当するのですが，何とも'怪'な文字です．

さて，χ^2 はどのような分布をするのでしょうか．標本が2つだけの場合，すなわち

$$\chi^2 = \frac{(x_1-\bar{x})^2+(x_2-\bar{x})^2}{\sigma^2} \tag{3.3}$$

の分布について考えてみてください．分子は2乗された値のたし算ですから正の値ですし，分母も2乗されているから正の値です．したがって，χ^2 はまちがいなく正の値に決まっています．そして，x_1 も x_2 も正規分布に属する値ですから，比較的 $\bar{x}$ に近い値であることが多く，$\bar{x}$ からひどく離れた値である確率は極めて少ないはずです．したがって，式(3.3)の分子は小さい可能性のほうが多く，大きくなる可能性は少ないのですから，χ^2 はゼロに近いほど確率が大きく，ゼロから離れるにつれて確率が小さくなるような分布をするにちがいありません．

実は，この分布はすでに克明に調べられており，図3.1のような形になることがわかっています．この分布を，自由度1の χ^2 分布といいます．カイ二乗分布と読むのです．自由度については前章に書いたとおり，標本が2つで，それから作り出して使っている平均値が1つですから，$2-1=1$ というかんじょうになっています．

自由度 ϕ が1の χ^2 分布を調べてみると，図3.1の下図のように，

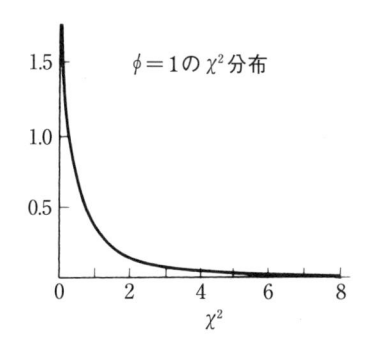

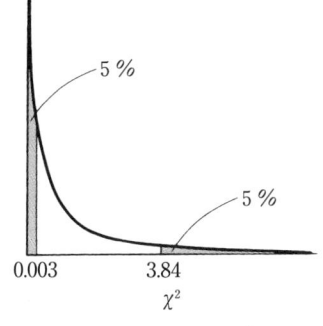

図3.1 怪 な 分 布

χ^2 の値が 0 から 0.003 の間に 5% もの面積が含まれており, また, χ^2 の値が 3.84 より大きい範囲にも 5% の面積が含まれています. したがって, χ^2 が

    0.003 から 3.84 の間に 90%

の面積が含まれていることになります.

さて, やっと私たちの問題を解く段取りが整いました. 全従業員の中からたまたま選ばれた 2 人の昨年の貯金額が 10 万円と 30 万円とであったことを頼りに, 全員の貯金額のばらつきを区間推定しようとしているのでした. 標本平均 $\bar{x}$ はもちろん 20 万円ですから, χ^2 の値は

$$\chi^2 = \frac{(x_1-\bar{x})^2+(x_2-\bar{x})^2}{\sigma^2}$$

$$= \frac{(10-20)^2+(30-20)^2}{\sigma^2} = \frac{200}{\sigma^2}$$

となります. 自由度 1 の χ^2 分布では, χ^2 の値が 0.003 から 3.84 の間に 90% が納ってしまうのですから, 90% の信頼区間は

$$0.003 < \chi^2 < 3.84$$

であるはずです. この χ^2 の上の値を代入すると

$$0.003 < \frac{200}{\sigma^2} < 3.84$$

となりますから, 分子と分母とをひっくり返すと不等号の向きが逆転することに注意して

$$\frac{1}{0.003} > \frac{\sigma^2}{200} > \frac{1}{3.84}$$

いっせいに 200 をかけると

3. 名探偵ものがたり

$$\frac{200}{0.003} > \sigma^2 > \frac{200}{3.84}$$

計算すると,ほぼ

66667 > σ^2 > 52.1

いっせいに平方に開くと,ほぼ

258 万円 > σ > 7.22 万円

となるではありませんか.あっという間に σ の区間推定ができてしまいました.

標本の数が増えると

あっという間に σ の区間推定ができてしまったのですが,それにしても,全員の貯金額のばらつきを表わす標準偏差が 7.22 万円以上 258 万円以下とは,何ごとでしょうか.こんないい加減なことをいわれたのでは,何もわからないのと同じではありませんか.

これも,悪いのは私ではありません.標本が少なすぎるのです.その証拠をごらんにいれましょう.まず,標本が 4 つに増えて

10 万円,10 万円,30 万円,30 万円

であるとしましょう.この 4 つの標本から $\bar{x}$ と s を計算してみると

$\bar{x}$ = 20 万円,s = 10 万円

ですから,この点については,いままでの例と変わりはありません.

標本が 4 つの場合,χ^2 の値は

$$\chi^2 = \frac{(x_1-\bar{x})^2+(x_2-\bar{x})^2+(x_3-\bar{x})^2+(x_4-\bar{x})^2}{\sigma^2} \tag{3.4}$$

で計算されますから,これに具体的に数値を代入すると

$$\chi^2 = \frac{(10-20)^2 + (10-20)^2 + (30-20)^2 + (30-20)^2}{\sigma^2}$$

$$= \frac{400}{\sigma^2} \tag{3.5}$$

となるのですが,これからσを区間推定するためには標本が4のときの,つまり自由度が3のχ^2がどのような分布をするかを知らなければなりません.

自由度3のχ^2の値は式(3.4)で表わされるのですから,その分布がどのようなスタイルになるか,おおよその見当がつきそうです.自由度1のχ^2の場合と同様に,分子も分母も正の値ですから全体としても正の値に決まっています.そして,分子にも$(x_i-\bar{x})^2$の形の項が4つもありますから,自由度1の場合に比べれば分布の中心は大きな値のほうに移動するにちがいありません.そして,$(x_i-\bar{x})^2$が4つともゼロに近い確率は少ないでしょうから,自由度3のχ^2の値がほとんどゼロである確率は,きっと小さいと推察されます.

ご明察です.自由度3のχ^2は図3.2のような形で分布をすることが知られています.そして,χ^2の値が,0.352より小さい確率が5%,7.81より大きい確率が5%,いいかえれば,χ^2値が0.352〜7.81の間にある確率が90%であることもわかっています.したがって,χ^2の90%信頼区間は

$$0.352 < \chi^2 < 7.81$$

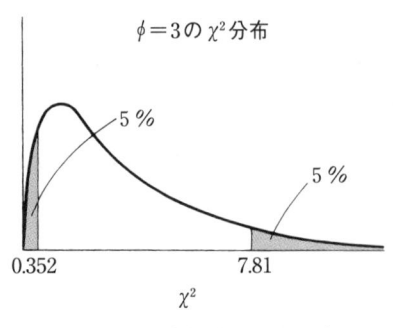

図3.2 変態する怪な分布

3. 名探偵ものがたり

です．ところが，私たちの問題の場合，χ^2 の値は式(3.5)で求めたように

$$\chi^2 = \frac{400}{\sigma^2}$$

ですから，これを上の不等式に代入すれば

$$0.352 < \frac{400}{\sigma^2} < 7.81$$

となります．前節の例にならって，これを計算すると，たちまち

　　33.7 万円 $> \sigma >$ 7.16 万円

が得られて σ の 90% 信頼区間が求まります．

　標本の数が 2 つのときには，全員の貯金額のばらつきを表わす標準偏差が 7.22 万円から 258 万円までという幅広い範囲でしか推定できず，7 万円くらいなのか，250 万円なのかさえも判定できないような推定など推定のうちにはいらないと思ったのですが，標本の数が 4 つになると推定の区間は一気に 7.16 万円から 33.7 万円の間に狭められることがわかりました．1 年間の貯金額のばらつきがこのくらいなら，ひどい不公平が従業員を支配していると腹をたてる必要もないかもしれません．

　ついでですから，標本が 6 つに増え

　　10 万円，10 万円，10 万円，30 万円，30 万円，30 万円

である場合の σ も区間推定してみましょう．この場合も

　　$\bar{x} = 20$ 万円，$s = 10$ 万円

で前の 2 つの例と同じですから，標本が増えたことの影響だけを観察できるはずです．

　これら 6 つの標本から求めた χ^2 の値は

$$\chi^2=\frac{(10-20)^2\times 3+(30-20)^2\times 3}{\sigma^2}=\frac{600}{\sigma^2}$$

です．いっぽう自由度 5 の χ^2 分布は，図 3.2 に描かれた自由度 3 の χ^2 分布よりさらに右方へ山の形が移動したスタイルとなり，χ^2 の 90% 信頼区間はつぎのページの表 3.1 を見ていただくと

$$1.145<\chi^2<11.07$$

ですから，この χ^2 に $600/\sigma^2$ を代入してごそごそと計算すると，σ の 90% 信頼区間は

22.9 万円 $>\sigma>$ 7.36 万円

が求まります．推定区間の幅は，さらに狭くなりました．これも標本が増えたおかげです．

χ^2 分布のスタイルは，自由度が増えるにつれて図 3.3 のように変化します．自由度がもっと増えて 20 とか 30 とかになると，山の頂はずっと右側のほうへ移動し，ほとんど正規分布と同じ形になっていきます．

χ^2 分布の数表は，たいていの統計の参考書には掲載されています．この本でも巻末の付表 3 (297 ページ) に付けてありますが，そのうちの一部を表 3.1 に取り出してみました．χ^2 分布の右すその面積が 95%，5%，2.5% などになるような χ^2 の値を数字にしてあるのですが，右すその面積が 95% ということは，左すその面積が 5% であることにご注意ください．この章では，自由度が 1，3，5 の場合について左すその面積が 5% であるような χ^2 の値と，右すそが 5% になるような χ^2 の値とを使って σ の 90% 信頼区間を求めてきたのですから，表の中に太字で示した値が使われていたことになります．

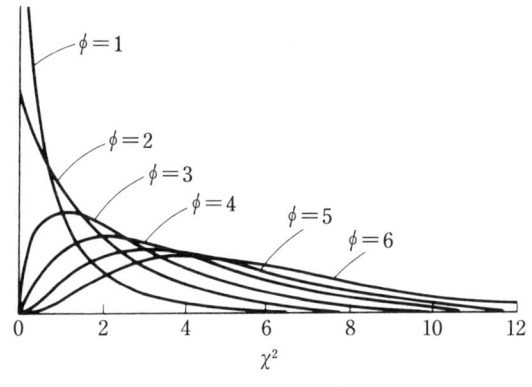

図 3.3 χ^2 分布の形

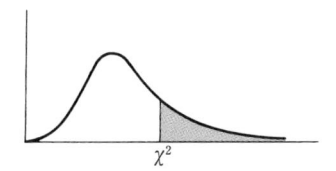

表 3.1 χ^2 の 値

ϕ	すその面積		
	0.95	0.05	0.025
1	**0.003**	**3.84**	5.02
2	0.103	5.99	7.38
3	**0.352**	**7.81**	9.35
4	0.711	9.49	11.14
5	**1.145**	**11.07**	12.83
6	1.635	12.59	14.45

　また，巻末の χ^2 分布表を見ていただけばわかるように，右すその面積が 0.975 や 0.025 になる χ^2 の値も載っていますから，これらを使えば 95% 信頼区間が求まるし，同様に 0.9 と 0.1 になる χ^2

の値を使えば80％信頼区間を求められることは，ご賢察のとおりです．

χ^2分布は，χという文字がおそろしげで不愉快な印象を与えがちですが，しかし統計数学ではもっとも重要な分布の1つです．これから先もなんべんか出会うはずですから，どうぞよろしくお見知りおきください．

ばらつきが決め手

第2章では，t分布を利用して母集団の平均値μを区間推定しました．そして，この章にはいってからは，χ^2分布を使って母集団の標準偏差σを区間推定してきました．

現実の社会でも，母平均μを知りたいことが，しばしば起こりそうに思えます．大量に生産しているいろいろな製品が計画どおりの大きさに作られているかどうかをチェックしたいとき，たとえば，ハンディシュガーの1袋ごとに正しく10gの砂糖が封入されているか，パチンコの玉が11mmの直径で作り出されているかなどをチェックしたいとき，いくつかの標本を取り出して重さや直径を調べ，その値から母平均を区間推定し，あらかじめ計画された範囲内に推定された母平均が高い確率で含まれていれば安心して生産を続けていく，という場合もあるでしょうし，また，大量に入荷した果物や魚なども，流通機構に乗せて売りさばくには，値段を決めたり流通計画をたてたりするために少なくとも重さの平均値くらいは推定しておく必要があるでしょう．

これに対して，母標準偏差σを区間推定する必要は，現実の社会

で，それほど多くないように思われるかもしれません．けれども，実をいうと，平均値よりはばらつきの大きさを表わす標準偏差のほうが重要な意味を持つことが，現実の社会では少なくないのです．

たとえば，ここにまったく同じデザインの時計が2つあるとします．近頃は1日に1秒も誤差のでない時計ばかりになりましたが，ここでは昔ながらのゼンマイ時計の話です．2つの時計について1日ごとの進み遅れを記録してみたところ，進みは正の値，遅れは負の値として秒単位で書くと

時計A　69,　70,　68,　72,　67,　73,　71

時計B　−9,　12,　−4,　9,　3,　−7,　−4

であったとしましょう．この2つの時計は，どちらが良い時計でしょうか．時計Aが毎日1分以上も進むのに対して，時計Bは毎日十数秒以下の進み遅れだから，時計Bのほうが優れているというのは，まちがいです．時計には進み遅れを調節するレバーが付いているのがふつうですから，時計Aのレバーを70秒くらい遅れるほうに調整すれば，時計Aの進み遅れは容易に数秒以下になってしまうにちがいありません．いっぽう，時計Bのほうは進み遅れのばらつきがやや大きいのですが，その原因は軸受のガタや地板の歪みなどにあって取り除くことは困難ですから，進み遅れをもっと小さくすることはできません．だから，時計Bよりは時計Aのほうが良い時計なのです．

こういう性質は，時計ばかりではありません．ハンディシュガーの袋に砂糖を封入する機械でも，いつも多めに封入してしまうなら機械を調整して適量に修正することができますが，多く入ったり少なく入ったりするのでは調節が著しく困難です．ゴルフの球筋にし

いつも左へ飛ぶなら矯正しやすい

てもそうです．いつも左へ行きすぎるのなら，そのぶんだけ右のほうにねらいを修正すればいい理屈ですが，左へ行ったり右へ行ったりするのでは修正のしようがないではありませんか．

だいたい，果物や魚にしたところで粒がそろってさえいれば，大きめのものでも小さめのものでも相応の商品価値があるのに，粒が不揃いだと商品価値が低下してしまうのがふつうです．

こういうわけですから，現実の社会でも，平均値のずれよりは，ばらつきが大きいほうがたちが悪いことが多く，したがって，統計的な取り扱いでも平均値の推定よりは標準偏差の推定のほうが重要な意味を持つことが少なくありません．

前の章からこの章にかけて，代表者の昨年の貯金額から全員の貯金額の平均値や標準偏差を推定するという変な例を使ったので，標準偏差を区間推定することの必要性をわかっていただけなかったのではないかと心配し，つい，ムダ話をしてしまいました．あやまります．

ばらつきの比を推定する

2つの時計について，1日ごとの進み遅れを調べてみたところ

　　時計①　69, 70, 68, 72, 67, 73, 71

　　時計②　57, 45, 49, 50, 44, 55, 43, 51, 55, 51

という結果を得ました．これらの数字は前と同じように秒を単位とした値と思ってください．時計①については1週間分のデータしかないのに，時計②のほうは10日分のデータがあります．ちょっとアンバランスですが，せっかくのデータを捨てる手はないので，ぜんぶのデータを活用することにしましょう．計算してみると

$$\text{時計①} \begin{cases} n_1 = 7 \\ \bar{x}_1 = 70 \\ s_1 = 2.0 \end{cases} \qquad \text{時計②} \begin{cases} n_2 = 10 \\ \bar{x}_2 = 50 \\ s_2 = 4.6 \end{cases}$$

となります．前にも書いたように，平均値はわけなく修正できますから，勝負はばらつきの大きさです．s_1とs_2とを比較してみるとs_2のほうが2.3倍も大きいのですから，時計①のほうが優れていると思われますが，さて，この「2.3倍」という値はどのくらい信用できるでしょうか．

これに答えるには，時計①と時計②の標準偏差の比σ_2/σ_1を区間推定してやればよさそうです．ずいぶんやっかいなことを考えるものですが，なにしろばらつきの大きさが重要な意味を持つことが多いと強調してきた義理もあるので，このやっかいな疑問に挑戦していこうと覚悟を決めたのです．

とはいうものの，どこから手をつけたらいいのでしょうか．かい

もく手がかりがなさそうですが……．こういう場合の思考過程は，t 分布を使って μ を区間推定したり，χ^2 分布を用いて σ を区間推定したりしたときと大差ありません．時計①について無限回の測定を繰り返したとすると，その進み遅れは σ_1 という標準偏差でばらついており，この σ_1 は神様にしかわからない値ですが，たまたま 7 個の標本を取り出してみたらその標本標準偏差 s_1 は 2.0 秒であったし，また，時計②の母標準偏差は σ_2 なのですが，10 個の標本から求めた s_2 は 4.6 秒であったわけです．そして，たまたま

$$\frac{s_2}{s_1}=\frac{4.6}{2.0}=2.3$$

ではありましたが，もちろん s_1 も s_2 も標本の選ばれ方の偶然によって変動する値ですから，s_2/s_1 もある分布に従って変動する値です．そして私たちはその分布から取り出された 1 つの値 4.6/2.0 を入手し，これを手がかりにして σ_2/σ_1 を区間推定してやろうと思いたったわけです．それには，s_2/s_1 がどのような分布をするか調べてみればよさそうです．この分布がわかりさえすれば，σ_2/σ_1 の区間推定ができるにちがいありません．ちょうど t の分布がわかれば μ の区間推定ができたり，χ^2 の分布を知れば σ の区間推定ができたりしたように，です．既成の分布の数表で問題が解決しないなら，新しい数表を作り出してでも問題を解いてしまおうという開拓者魂が t 分布と χ^2 分布につづいて，ここにも伺われます．統計数学は，こういう開拓者魂に支えられながら，つぎつぎに新しい分布を誕生させることによって発展してきたのです．

　s_2/s_1 の分布を調べる前に，きめ細かな配慮をしておきましょう．前章に書いたように，s_1 は σ_1 より，s_2 は σ_2 より小さいほうへ偏る

3. 名探偵ものがたり

傾向を持っていますから,その偏りのぶんを事前に修正しておこうと思うのです.そのためには

s_1 の代わりには $\dfrac{n_1}{n_1-1}s_1^2$ $(=\hat{\sigma}_1^2)$

s_2 の代わりには $\dfrac{n_2}{n_2-1}s_2^2$ $(=\hat{\sigma}_2^2)$

を使うのがはまり役というものです.37ページあたりに書いたように,これらが母分散の不偏推定値,つまり時計①と時計②のばらつきの大きさを偏りなく推定している値だからです.

このまま前進してもいいのですが,だんだんと式が複雑になってきそうで不気味です.そこで

$$\left.\begin{array}{l}\dfrac{n_1}{n_1-1}s_1^2=V_1 \\[2mm] \dfrac{n_2}{n_2-1}s_2^2=V_2\end{array}\right\} \quad (3.6)$$

と略記することにします.V_1 と $\hat{\sigma}_1^2$,V_2 と $\hat{\sigma}_2^2$ とは同じ値ですが,偏りのない分散,つまり**不偏分散**という感じで使うときには V_1 とか V_2 とか書き,分散の偏りのない推定値というように「推定値」であることの思い入れを強調したい折には $\hat{\sigma}_1^2$ や $\hat{\sigma}_2^2$ と書くのが統計数学のしきたりです.不粋と思われがちな数学の世界も,意外に語彙が豊かで「ごめんなさい」も「ありがとう」も「ちょっと失礼」も「おねがいします」も十把一絡げで「すみません」で済ますような味気ない言葉づかいはしないのです.

閑話休題……. s_1 の代わりには V_1 を,s_2 の代わりには V_2 を使うことにしましたから,s_2/s_1 の分布を調べるのではなく

$$V_2/V_1$$

の分布を調べていこうと思うのですが，もうひと味の配慮を加えます．χ^2 分布のときは，偏差平方和の分布を調べるのではなく，それを σ^2 で割った χ^2 の分布を調べたように，ここでも V_2 と V_1 をそれぞれの母分散 $\sigma_2{}^2$ と $\sigma_1{}^2$ とで割った

$$\frac{V_2/\sigma_2{}^2}{V_1/\sigma_1{}^2} \quad (\text{これを } F \text{ と書きます})$$

の分布を調べることにします．このように規準化すると，2つの功徳があります．1つには，$\sigma_2{}^2$ が大きければそれに正比例して V_2 も大きく，$\sigma_1{}^2$ に比例して V_1 も大きいはずですから，$\sigma_2{}^2$ や $\sigma_1{}^2$ で割ることによって母集団のばらつきの大きさによる影響を取り除いて分布を単純化することができます．また，1つには，V_2 と $\sigma_2{}^2$，V_1 と $\sigma_1{}^2$ とは同じ単位を持っていますから，割り算によって無名数となり，どのような現象にでも利用できる分布となるにちがいありません．このあたりの思考法は 59 ページあたりと瓜二つです．

さらに，もうひと味の配慮をきめ細かく追加します．私たちは V_1 と V_2 の比を取り扱っているのですが，比をとるときには分母より分子のほうが大きくなるように決めておきましょう．そうすれば，比がコンマ以下の値になることが避けられますから，そのぶんだけ分布が単純化されるにちがいないからです．私たちの例では，あとで数値計算するときに確認できるはずですが

$$V_2 > V_1$$

ですから，V_2 のほうを分子に書いておけばいいわけです．

さて，いろいろな配慮をしているうちに，s_2/s_1 の代わりに

$$F=\frac{V_2/\sigma_2^2}{V_1/\sigma_1^2} \tag{3.7}$$

の分布を調べるはめになってしまいました．ずいぶん，規準化が進んだものです．しかし，どっちみち1回は分布を調べなければならないのですから，s_2/s_1だろうと，Fだろうと同じようなものです．

Fの分布は，ありがたいことに，先人たちがすっかり調べあげ，F分布の数表を作り上げてくれています．その一部を表3.2に紹介してありますが，こんどはt分布表やχ^2分布表よりいっそう複雑です．なにせ，t分布やχ^2分布では自由度とすその面積との組合せで数表を作ればよかったのですが，F分布では分子と分母の自由

表3.2 Fの値(すその面積 0.05)

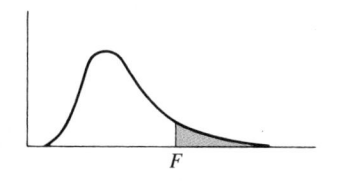

分母の自由度 \ 分子の自由度	1	2	3	4	5	6	7	8	9	10
1	161	200	216	225	230	234	237	239	241	242
2	18.5	19.0	19.2	19.2	19.3	19.3	19.4	19.4	19.4	19.4
3	10.1	9.55	9.28	9.12	9.01	8.94	8.89	8.85	8.81	8.79
4	7.71	6.94	6.59	6.39	6.26	6.16	6.09	6.04	6.00	5.96
5	6.61	5.79	5.41	5.19	5.05	4.95	4.88	4.82	4.77	4.74
6	5.99	5.14	4.76	4.53	4.39	4.28	4.21	4.15	4.10	4.06
7	5.59	4.74	4.35	4.12	3.97	3.87	3.79	3.73	3.68	3.64
8	5.32	4.46	4.07	3.84	3.69	3.58	3.50	3.44	3.39	3.35
9	5.12	4.26	3.86	3.63	3.48	3.37	3.29	3.23	3.18	2.14
10	4.96	4.10	3.71	3.48	3.33	3.22	3.14	3.07	3.02	2.98

度が異なるので2つの自由度とすその面積の組合せで数表を作らなければならないのです．

で，F分布では，右すその面積が 0.05 とか 0.025 とか，0.01 とかのそれぞれについて1枚の数表を準備しなければなりません．表 3.2 は，そのうち右すその面積が 0.05 になるような F の値を列記したものです．分子の自由度を横に，分母の自由度を縦に配列してありますから，分子と分母をまちがえずに読んでください．私たちの例では，あとで数値計算をして確認していただきますが

　　　分子の自由度　9
　　　分母の自由度　6

ですから，表 3.2 を見ていただけばわかるように，右すその面積が 0.05 になる F の値は 4.10 です．このことを

$$F_6^9(0.05) = 4.10$$

と書くことにしましょう．

ここで，私たちは F 分布を用いて分散の比の区間推定をしようとしていることを思い出してください．もし，90% の信頼区間を求めたいのであれば，F 分布の右すその面積が 0.05 になる F の値と同時に，左すその面積が 0.05 になる F の値も知らなければなりません．これは右すその面積が 0.95 になる F の値に相当するはずですが，どういうわけか，右すその面積が 0.95 になるような F 分布の数表はどの参考書を調べても付いてはおらず，あるのは右すその面積が 0.5 以下の数表ばかりです．これは，右すその面積が 0.95 になる F の値は，右すその面積が，0.05 になる F の値から容易に計算できるからです．たとえば，つぎのようにやればいいのです．

$$F_6^9(0.95) = \frac{1}{F_9^6(0.05)}$$

つまり，分子の自由度9，分母の自由度が6で左すその面積が0.05(右すその面積が0.95)になるようなFの値を求めるには，まず，分子の自由度6，分母の自由度9で右すその面積が0.05になるようなFを表3.2から探すと3.37が得られますから，その逆数をとると0.297となり，これが求める値です．つまり

$$F_6^9(0.95) = 0.297$$

なのです．

悪戦苦闘のすえ，やっと私たちの問題を解く準備が整いました．Fの値の90％信頼区間が

$$0.297 < F < 4.10$$

であることがわかったからです．では，節を改めて私たちの問題を解いていこうではありませんか．

計算結果はこうなる

F分布で悪戦苦闘をしているうちに，自分の問題を忘れてしまったかもしれません．紙面は貴重ですが，問題を忘れていては解きようもありませんから，もういちど書きましょう．

2つの時計について，1日ごとの進み遅れを調べてみたら

　　時計①　69, 70, 68, 72, 67, 73, 71

　　時計②　57, 45, 49, 50, 44, 55, 43, 51, 55, 51

という結果が得られたのですが，これから2つの時計のばらつきぐあいの比，つまり，σ_2/σ_1を区間推定しようというのが，私たちの

問題でした．そして前節では，そのために必要な F 分布を探し求めて悪戦苦闘したのですが，その結果を要約すると

$$F=\frac{V_2/\sigma_2^2}{V_1/\sigma_1^2} \tag{3.7)と同じ}$$

とすれば，F の 90% 信頼区間は

$$0.297 < F < 4.10$$

となるのでした．

では，数値計算をはじめます．

$$V_1=\frac{n_1}{n_1-1}s_1^2 \tag{3.6)と同じ}$$

ですから，したがって

$$V_1=\frac{n_1}{n_1-1}\frac{\Sigma(x_i-\bar{x})^2}{n_1}=\frac{\Sigma(x_i-\bar{x})^2}{n_1-1} \tag{3.8}$$

です．これを使って V_1 を数値計算すると表 3.3 のように

$$V_1=4.67$$

が得られます．そして，この場合，標本の数は 7，使った平均値は 1 ですから，自由度は 6 となります．同様に V_2 を計算してみると，誰がやっても

$$V_2=23.6$$

となるはずです．これらの値を式 (3.7) に代入すると

$$F=\frac{23.6/\sigma_2^2}{4.67/\sigma_1^2}=5.05\left(\frac{\sigma_1}{\sigma_2}\right)^2$$

表 3.3 V_1 の計算手順

x_i	$x_i-\bar{x}$	$(x_i-\bar{x})^2$
69	-1	1
70	0	0
68	-2	4
72	2	4
67	-3	9
73	3	9
71	1	1
$\bar{x}=70$		$\Sigma(x_i-\bar{x})^2=28$
		$V_1=\dfrac{28}{7-1}\fallingdotseq 4.67$

3. 名探偵ものがたり

が得られます. そこで, この F を

$$0.297 < F < 4.10$$

に代入すると

$$0.297 < 5.05\left(\frac{\sigma_1}{\sigma_2}\right)^2 < 4.10$$

となりますから, 各項をいっせいに 5.05 で割れば

$$0.0588 < \left(\frac{\sigma_1}{\sigma_2}\right)^2 < 0.812$$

つづいて, 各項を平方に開くと

$$0.242 < \frac{\sigma_1}{\sigma_2} < 0.901$$

さらにつづいて, 各項の逆数をとると

$$4.13 > \frac{\sigma_2}{\sigma_1} > 1.11$$

となり, めでたく σ_2/σ_1 の 90% 信頼区間を求めることに成功しました. これが私たちの問題に対する解答です.

この解答からわかったことは, 時計②のばらつきは 90% 以上の高い確率で時計①のばらつきよりは大きいのですが, その大きさの程度は 1.1 倍ないし 4.1 倍と推定されますから, 時計②のほうが数倍もばらついていると断定はできそうもありません. ですから, 時計①のほうが時計②より良い品物であることについては, かなりの自信がありますが, どのくらい良い品物であるかというと, いちがいにはいえない……というところでしょう.

ついでに, 95% 信頼区間も求めてみましょうか. 巻末の F 表 (298 ページ) のうち, すその面積が 0.025 になる数表から

$$F_6^9(0.025)=5.52$$

また，$F_9^6(0.025)=4.32$ですから

$$F_6^9(0.975)=\frac{1}{4.32}=0.231$$

となり，したがって F の 95% 信頼区間は

$$0.231<F<5.52$$

です．これに F の値を代入すると

$$0.231<5.05\left(\frac{\sigma_1}{\sigma_2}\right)^2<5.52$$

という不等式ができ上ります．以下，途中経過を省略すれば

$$4.68>\frac{\sigma_2}{\sigma_1}>0.956$$

が得られます．これが σ_2/σ_1 の 95% 信頼区間です．見てください．95% の信頼区間をとると σ_2 が σ_1 より絶対に大きいとはいいきれないのです．したがって，時計①のほうが時計②より間違いなく良い品物であると断言するためには，もっと標本を増して検討してみる必要がありそうです．

ところで，前の章からこの章にかけて，正規分布のほかに t 分布，χ^2 分布，F 分布といろいろな分布が姿を現してきました．このほかにも，二項分布，ポアソン分布，指数分布などをご存知の方も少なくないでしょう．ずいぶんといろいろな分布を統計数学では使うものですが，実をいうと，これらの分布はどれもこれも親類どうしなのです．二項分布で n を無限大にした極限が正規分布であったり，F 分布の特殊な場合が t 分布であったり，65 ページにも書いたように χ^2 分布の n をどんどん大きくすると正規分布に近づいたり，

互いに血を分け合った骨肉の仲なのです．これらの関係を付録 2 (290 ページ)に図示しておきましたから，ついでのときに眺めておいてください．

ほんとうの割合を推定する

　母集団の平均値や標準偏差を区間推定したり，2つの母集団の標準偏差の比を区間推定したり，t 分布や χ^2 分布や F 分布に悩まされはしたものの，私たちもずいぶん統計学者らしくなってきたものです．最後に区間推定の総仕上げとして，私たちの日常生活の中にもっともよく起こりそうなテーマを取り上げてみることにしました．

　こんな例を考えてみましょうか．生徒数が非常に多いある高校で，てあたりしだいに 100 名の生徒をつかまえて，プロ野球の 12 球団のうち，いちばん好きなチームはどこかと尋ねてみたところ，30 名の生徒が横浜ファンでした．この結果から全校生徒のうち何%が横浜ファンかを推定してください．

　もちろん点推定なら 30% というところですが，ここではそのような幼稚な答を要求しているわけではありません．せっかく 100 名も調べたのですから，10 名中 3 名が横浜ファンであった場合と推定の自信のほどがちがいます．当然，横浜ファンのパーセンテージを区間推定していただきたいのです．

　いまかりに，全校生徒のうちに横浜ファンが占める割合を p としましょう．そうすると，全校生徒から n 名を取り出したとき，その中にちょうど r 名だけ横浜ファンが含まれている確率 $P(r)$ は

$$P(r) = {}_nC_r p^r (1-p)^{n-r} \tag{3.9}$$

であり，この確率に従う分布を**二項分布***ということは，すでにご存知のとおりです．そして，二項分布では

　　平均$=np$

　　分散$=np(1-p)$

であることもわかっています**．そのうえ，nが適当に大きく，pが0や1にあまり近くなければ二項分布の外形は正規分布に非常によく似ています．だいいち，正規分布の式は二項分布の式でnを無限大に近づけた極限として作り出されたものなのです．そういうわけですから，nが適当に大きく，pが0や1にあまり近くない二項分布は

$$\mu = np \tag{3.10}$$
$$\sigma^2 = np(1-p) \tag{3.11}$$

の正規分布で近似できるにちがいありません（図3.4）．

　ここまで気がつけば，もうしめたものです．さっそく私たちの例にこの近似式を適用してみようではありませんか．と，張り切るところですが，ここでちょっとした障害に遭遇するのです．私たちの例題では，100名の生徒を取り出したとき，そのうちの30名が横浜ファンであったのですから

　　$n=100$

であることは確かです．けれども，μとσとを計算するのに必要な

---

*　二項分布については，『確率のはなし』（改訂版）85〜93ページ，『統計のはなし』（改訂版）53〜56ページをご参照ください．

**　二項分布の平均と分散を求める計算はかなりめんどうなので本文では省略しましたが，巻末の付録3（291ページ）に付けておきましたから，好奇心の旺盛な方は，どうぞ……．

3. 名探偵ものがたり

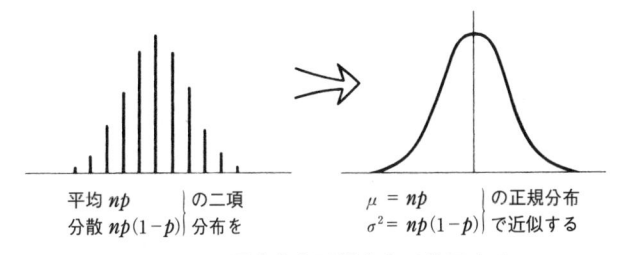

平均 np 　｜の二項　　　$\mu = np$ 　　　｜の正規分布
分散 $np(1-p)$｜分布を　　　$\sigma^2 = np(1-p)$｜で近似する

図 3.4　二項分布を正規分布で代用する

もう1つの値 p がわからないのです．100名中に30名の該当者がいたのだから p は0.3ではないか，などと気軽にいわないでください．この0.3は標本における百分率であり，p は母集団における百分率ですから p が0.3であるという保証はありません．それに，いま私たちは p を区間推定しようとしているくらいですから，p は未知の値であるに決まっているではありませんか．

そういう舌の根も乾かないのに，実は，ここで

　　$p = 0.3$

とおくのです．なぜかというと，記憶力に恵まれた方は24ページの図2.2のあたりを思い出してくださるかもしれませんが，そのあたりの考え方が応用できそうだからです．左の図3.5を見てください．母集団の中に占める横浜ファンの比率が p であるとすれば，n 人の標本に含まれる横浜ファンの数は

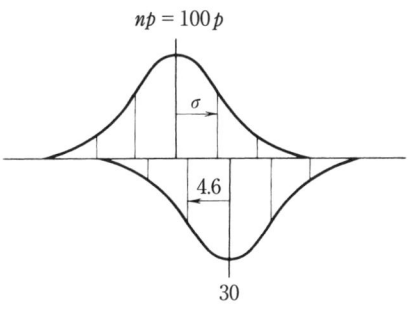

図 3.5　立場を代えてみると

$$\mu = np \qquad (3.10)と同じ$$
$$\sigma = \sqrt{np(1-p)} \qquad (3.11)もどき$$

の正規分布をするのですから,これらの式のnに確認ずみの値100を代入した正規分布を図の上半分に描いてあります.

いっぽう,現実には100人の標本の中に30人の横浜ファンが含まれていたのですから,その事実からpを点推定すれば,pの推定値$\hat{p}$は

$$\hat{p} = 0.3$$

です.したがって,μの推定値$\hat{\mu}$は

$$\hat{\mu} = n\hat{p} = 100 \times 0.3 = 30 (人)$$

であり,σの推定値$\hat{\sigma}$は

$$\hat{\sigma} = \sqrt{n\hat{p}(1-\hat{p})} = \sqrt{100 \times 0.3(1-0.3)}$$
$$= \sqrt{21} \fallingdotseq 4.6 (人)$$

にちがいありません.そして,図3.5の上半分に書き入れたσも,それを偏りなく推定するとすれば「4.6人」であることも念のため…….

ここで,標本から求めた標準偏差は母集団の標準偏差より小さいほうへ偏りすぎているのではなかったかと,34ページあたりの記述を思い出される方があるかもしれませんが,ここでは,その心配はいりません.ここでは平均値を勝手に作り出して使ってはいないので自由度が減少していないからです.

こういうわけで,100人の標本に30人の横浜ファンが含まれていたという現実から母集団のpを推定する立場でいえば,pの値は0.3,つまり$\hat{\mu}$は30人,$\hat{\sigma}$は4.6人で正規分布すると考えられます.この正規分布を上下反対にして図3.5の下半分に描いてあります.

これが 24 ページの図 2.2 に相当する説明図です.

したがって，図 2.2 のときにそうであったように，上半分から見た下半分と，下半分から見た上半分はそっくり同じですから，30 人が $100p \pm 4.6$ 人の区間にある確率と $100p$ が 30 人 ± 4.6 人の区間にある確率は等しいはずです．ここまでくれば，もう答は見えてきました．

$100p$ の 90% 信頼区間は　30 人 $\pm 1.65 \times 4.6$ 人

　　　　　　　　　　　　≒22.4 人～37.6 人

$100p$ の 95% 信頼区間は　30 人 $\pm 1.96 \times 4.6$ 人

　　　　　　　　　　　　≒21.0 人～39.0 人

であるに相違ありません[*]．ここで，$100p$ は正確にいえば 100 人・p でしたから，いっせいに 100 人で割ると

　　p の 90% 信頼区間は　0.224～0.376

　　p の 95% 信頼区間は　0.210～0.390

であることがわかります.

これで，私たちの問題が解決しました．全校から 100 人の生徒を選んで調べたところ 30 人が横浜ファンであったことから，全校生徒の中に占める横浜ファンの割合を区間推定すると

　　90% 信頼区間は　22.4%～37.6%

　　95% 信頼区間は　21.0%～39.0%

というのが，私たちの問題に対する答です．

---

* 正規分布では

　　平均値 $\pm 1.65\sigma$　の区間に　90%

　　平均値 $\pm 1.96\sigma$　の区間に　95%

　が含まれているのでした.

ほんとうの視聴率はいくらか

前節では，標本の中に占める横浜ファンの割合から母集団の中に占めるファンの割合を区間推定してみました．こうるさい思考過程をごみごみと書き綴ってきましたが，必要な部分だけを要約すると，つぎのようになるでしょう．なお，横浜ファンばかりでは不公平なのでこんどは中日ファンに書き換えましょうか．アンチ巨人の私としては，巨人以外ならどこでもいいのです．巨人ファンの方は，もうしばらく，お待ちください．

母集団の中に占める中日ファンの比率が p であるとすれば，n 個の標本の中に含まれる中日ファンの数は

$\mu = np$

$\sigma = \sqrt{np(1-p)}$

の正規分布をします．そして，途中の思考過程を省略して，標本の中に占める中日ファンの比率を $\hat{p}$ と書けば*

μ の推定区間は $n\hat{p} \pm k\sqrt{n\hat{p}(1-\hat{p})}$

ただし，k の値は $\begin{cases} 90\% \text{ 信頼区間なら} & 1.65 \\ 95\% \text{ 信頼区間なら} & 1.96 \end{cases}$

でありました．そして，$\mu = np$ ですから，いっせいに n で割れば

---

* $\hat{p}$ は母集団中の比率 p の推定値を表わす記号です．で，標本の中に占める比率を $\hat{p}$ と書くのは記号の使い方としてはあまり好ましくはありませんが，この場合にはたまたま $\hat{p}$ が標本の中に占める比率と等しいので，このような使い方を許してもらうことにしました．新しい記号をさらに追加するとかえって混乱しやすいと思ったので……．

3. 名探偵ものがたり

$$p \text{ の推定区間は} \quad \hat{p} \pm k\sqrt{\frac{\hat{p}(1-\hat{p})}{n}} \tag{3.12}$$

となるのでした．

この式は，とても便利に活用できます．実例を1つだけ試してみましょうか．テレビの視聴率は，その上がり下がりにつれて番組編成担当者も，番組のプロデューサーも俳優も，一喜一憂，身も細る思いだそうです．新聞でも，早朝の時間帯にもかかわらず，2006 FIFA ワールドカップの日本対ブラジル戦の視聴率が 37.2% であったなど書き立てています．ところでこの視聴率は 600 程度の標本から算出されているのだそうです．そこで，かりに 618 台の標本のうち 230 台が日本対ブラジル戦にチャンネルを合わせていたものとしましょう．618 台という数字に意味があるわけではありません．600 に近い値で 37.2% という数字を作り出すのに便利な数を選んだまでのことです．そうすると，視聴率は

$$\frac{230}{618} \fallingdotseq 37.2\%$$

と公称されるところですが，では真の視聴率を区間推定してみるとどうなるでしょうかな．

いま計算したように，標本における割合 $\hat{p}$ は

$$\hat{p} = 0.372$$

ですから，これを式(3.12)に代入します．もちろん，$n=618$ も代入してください．答はいっぱつ……．

$$p \text{ の } 90\% \text{ 信頼区間} = 0.372 \pm 1.65\sqrt{\frac{0.372(1-0.372)}{618}}$$

$$\fallingdotseq 0.372 \pm 0.032 = 0.340 \sim 0.404$$

$$p\text{ の }95\%\text{ 信頼区間}=0.372\pm1.96\sqrt{\frac{0.372(1-0.372)}{618}}$$

$$\fallingdotseq 0.372\pm0.038=0.334\sim0.410$$

です．見てください．公称の視聴率は 37.2% ですが，90% 信頼区間は 34.0%～40.4%，95% 信頼区間は 33.4%～41.0% ではありませんか．視聴率の推定には，この程度の誤差が含まれているのですから，視聴率が 1～2% 上がったり下がったりしたからといって青くなったり赤くなったりするのはナンセンスというものです．

それでは，かりに標本の数が 3000 世帯もあり，そのうちの 1116 世帯が日本対ブラジル戦を見ていたとしたら，どうでしょうか．公称の視聴率は

$$\frac{1116}{3000}=37.2\%$$

ですが，真の視聴率の 90% 信頼区間は

1%の上がり下がりにビクビクするなんてナンセンス

$$0.372 \pm 1.65 \sqrt{\frac{0.372(1-0.372)}{3000}} \fallingdotseq 0.372 \pm 0.015$$

$$= 35.7\% \sim 38.7\%$$

となります．こんどは，真の視聴率がかなりよい精度で推定されることがわかりましたが，それでも1％くらいの上がり下がりに一喜一憂する必要があるとは，とても思えないではありませんか．

たった10人だけでは

同じような例題で恐縮ですが，全校生徒の中から10名を選んで調査したところ，そのうちの2名が巨人ファンであることがわかりました．この調査結果によって全校生徒に占める巨人ファンの割合を区間推定してください．

$n=10$，母集団の p の点推定値 $\hat{p}$ は 0.2 ですから，これらの値を無邪気に

$$p \text{ の推定区間は} \quad \hat{p} \pm k \sqrt{\frac{\hat{p}(1-\hat{p})}{n}} \qquad (3.12) \text{と同じ}$$

に代入してみると

$$p \text{ の90\% 信頼区間} = 0.2 \pm 1.65 \sqrt{\frac{0.2(1-0.2)}{10}}$$

$$\fallingdotseq 0.2 \pm 0.209 = -0.009 \sim 0.409$$

$$p \text{ の95\% 信頼区間} = 0.2 \pm 1.96 \sqrt{\frac{0.2(1-0.2)}{10}}$$

$$\fallingdotseq 0.2 \pm 0.248 = -0.048 \sim 0.448$$

となるのですが，これはまた，なんとしたことか……．巨人の支持

率がマイナスの範囲にある可能性もあるというのですが，これでは巨人があまりにもかわいそうです．だいいち，支持率がマイナスという現象は，私たちの住む三次元の世界では起こり得ないことです．いったい，どこで間違ってしまったのでしょうか．

それは，式(3.12)が成り立つための条件を無視してしまったところがいけないのです．式(3.12)は80ページのあたりを読みかえしていただけばわかるように，n が適当に大きく，p が 0 や 1 にあまり近くない場合に役立つ近似式ですから，n がたった 10 で，しかも $\hat{p}$ が 0 にかなり近い 0.2 の場合には式の誤差が大きくなって使いものにならないのです．

では，n がどのくらい以上なら式(3.12)が使えるのでしょうか．それはもちろん，どのくらいの誤差までがまんできるかによるのですが，おおざっぱな見当とすれば，つぎのように考えておけばいいでしょう．

$\hat{p}$ が 0.4 〜 0.6　なら　　　　　　n が 20 以上
$\hat{p}$ が 0.3 か 0.7　くらいなら　n が 30 以上
$\hat{p}$ が 0.2 か 0.8　くらいなら　n が 40 以上
$\hat{p}$ が 0.1 か 0.9　くらいなら　n が 70 以上

それでは，n が小さかったり，$\hat{p}$ が 0 や 1 に近すぎるために式(3.12)が使えないときには，どうすればいいのでしょうか．そのときには，つぎのように F 分布の数表を利用して p を区間推定してください．この理屈はやや難解なので省略し，手順だけをご紹介することにします．

n 個の標本の中に興味の対象が r 個含まれていたとしましょう．私たちの例でいえば，10 名の標本の中に巨人ファンが 2 名含まれ

3. 名探偵ものがたり

ていたようにです．まず

$$\left.\begin{array}{ll} 2(r+1) & =\phi_1 \\ 2(n-r) & =\phi_2 \end{array}\right\} \quad (3.13)$$

$$\left.\begin{array}{ll} 2(n-r+1)=\phi_1' \\ 2r & =\phi_2' \end{array}\right\} \quad (3.14)$$

を求めてください．私たちの例なら

$$\phi_1 = 2(2+1) = 6$$
$$\phi_2 = 2(10-2) = 16$$
$$\phi_1' = 2(10-2+1) = 18$$
$$\phi_2' = 2 \times 2 = 4$$

です．つぎに，区間推定の信頼水準を$(1-\alpha)$として，F分布の数表から

$$F_{\phi_2}{}^{\phi_1}\left(\frac{\alpha}{2}\right) \text{ と } F_{\phi_2'}{}^{\phi_1'}\left(\frac{\alpha}{2}\right)$$

とを求めてください．私たちは，pの90％信頼区間を求めることにすると

$$1-\alpha = 0.9$$

であり，したがって

$$\alpha/2 = 0.05$$

ですから

$$F_{16}{}^{6}(0.05) \text{ と } F_{4}{}^{18}(0.05)$$

を巻末の数表(299ページ)から調べます．その結果

$$F_{16}{}^{6}(0.05) = 2.74$$
$$F_{4}{}^{18}(0.05) = 5.82^*$$

が得られるはずです．そうすると，$(1-\alpha)$信頼区間の上限は

$$p_U = \frac{\phi_1 F_{\phi_2}{}^{\phi_1}(\alpha/2)}{\phi_2 + \phi_1 F_{\phi_2}{}^{\phi_1}(\alpha/2)} \tag{3.15}$$

で求められ,下限は

$$p_L = \frac{\phi_2'}{\phi_2' + \phi_1' F_{\phi_2'}{}^{\phi_1'}(\alpha/2)} \tag{3.16}$$

で計算できることがわかっています.私たちの例では,90% 信頼区間の上限と下限は

$$p_U = \frac{6 \times 2.74}{16 + 6 \times 2.74} \fallingdotseq 0.507$$

$$p_L = \frac{4}{4 + 18 \times 5.82} \fallingdotseq 0.037$$

となります.つまり,10 人中 2 人が巨人ファンであったことから巨人ファンの比率を区間推定すると

　　90% 信頼区間は　3.7%〜50.7%

というところです.ついでに,95% 信頼区間も求めてみると,途中経過は省略しますが

　　95% 信頼区間は　2.5%〜55.6%

となります.標本の数が少なすぎるので,これでは巨人ファンがわずか数パーセントの弱小勢力なのか,半数以上も占める大勢力なのか判定のしようがありません.

ともあれ,n が小さい場合の区間推定の手順は,このように決してむずかしくはありませんから,なにかの折にご利用ください.

＊　数表には $F_4{}^{20}(0.05) = 5.80$ と $F_4{}^{15}(0.05) = 5.86$ しか見当たりませんから,この 2 つの値を比例配分して $F_4{}^{18}(0.05) = 5.82$ としました.

確率紙でらくをする手もある

標本に占める割合から母集団の中の割合 p を区間推定するには，n が大きいときには式(3.12)を使えば答はいっぱつですし，n が小さいときには前節の手順をたどれば，若干の手数はかかるにしても答に到達するのはさしてむずかしくはありません．

それでも，もっと手軽に p を区間推定したいという方のために，標本に占める割合と，p の 95% 信頼区間の関係をグラフにしたの

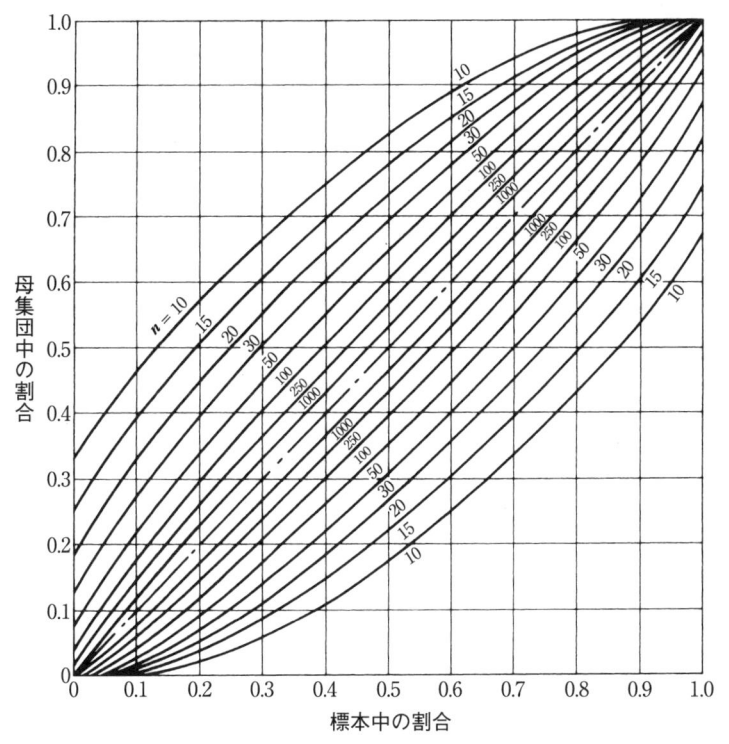

図 3.6 割合の区間推定のグラフ

が図3.6ですから，概略の区間推定をしたいときにお使いください．

グラフを見ていただくと，標本の数nが大きくなるにつれて推定区間の幅が狭くなり，精度のよい推定ができることが一目瞭然です．たとえば

  10個のうち　3個なら　　6%～67%

  50個のうち　15個なら　18%～45%

  250個のうち　75個なら　24%～37%

  1000個のうち300個なら　28%～32%

くらいの感じで推定区間が狭くなっているのが読みとれるでしょう．こうしてみると，10打数3安打の3割打者は実は6割以上も打てる猛打者かもしれない代わりに1割も打てない貧打者かもしれず，海のものとも山のものともわからないのに対して，1000打数300安打の3割打者は実に安定した3割打者であることがわかります．

図3.6のグラフはpを区間推定する単一目的のための特別あつらえです．ところが，1枚のグラフでいろいろな統計解析ができるグラフ用紙がくふうされ，市販されています．その名を**二項確率紙**といいます．

二項確率紙は推計紙などとも呼ばれ，縦目盛も横目盛も平方根に刻まれ，推定や検定に便利ないくつかのスケールが付記されています．このようなグラフ用紙を使うと，なぜいろいろな推定や検定ができるのかについては，紙面の都合でご紹介できないのが残念です

 ＊　二項確率紙の理論と使い方については，『二項確率紙の使い方』(改訂版，中里博明，武田知己共著，日科技連出版社，1983)を見ていただくよう，おすすめします．

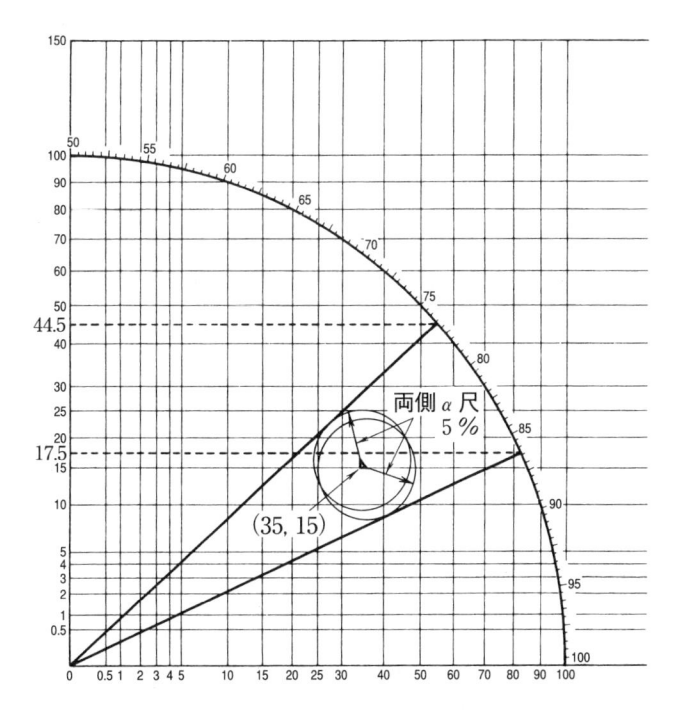

図 3.7 二項確率紙による割合の推定
(中里, 武田:『二項確率紙の使い方』, 日科技連出版社, 11 ページより)

が*, 割合の推定や検定, いくつかのグループに差があるか否かの検定, 相関の推定や検定などのほか, 分散分析などもできるのですから, その万能さには驚嘆するほかありません. 図 3.7 は, 二項確率紙を使って母集団の割合 p を区間推定しているところで, 50 個の標本に 15 個の不良品が含まれているとき, 母集団の不良率の 95％ 信頼区間が 17.5％〜44.5％ であることを二項確率紙上の作図で求めている一例です. このように, コンパスと定規だけでいろいろ

な統計解析ができるところが二項確率紙の特徴です．ものは試しですから，ひとつ試してみませんか．

ひとやすみ

4. 名行司ものがたり
── 検定のはなし ──

まぐれか実力か

　中国の古い言い伝えによれば，麒麟（きりん）が現れるのは聖人や賢人が生まれる前兆だということです．きりんといっても，もちろん首の長い実在の動物ではなく，馬のように立派なひづめを高く上げ，鹿のような体軀に豪華なたてがみを風になびかせて疾駆する架空の，キリンビールのラベルでおなじみの動物です．

　私も，結婚したてのころ，聖人までは望むべくもありませんが，せめて賢人の気配ぐらいでも伺える子供が欲しいものだと思って，乏しい給料をときどきキリンビールに投資したのですが，生まれた娘には賢人の気配などひとかけらもなく，麒麟に裏切られたような被害者意識が残りました．そして，もう1つ残ったことといえばビールの銘柄はいつもキリンを指定するという習慣だけです．

　キリンビールが他のビールよりうまいかどうか，私にはよくわかりません．それどころか，目隠しをして他のビールと飲み比べたと

き，キリンビールをいい当てる自信もあまりないように思います．それにもかかわらず，やっぱりキリンビールだけを飲んでいます．そこで，ちょっとつぎのような話に付き合っていただくなりゆきとなりました．

いまかりに，キリンビールと他のビールを2つのコップに注いでおき，目隠しをした私がそれを飲み比べ，見事にキリンビールをいい当てたとしましょう．この事実から私がキリンビールの味を他のビールと判別する能力があるといい切ることができるでしょうか．「ノー」に決まっています．なぜって，私に判別能力がまったくなく当てずっぽうをいっていたとしてもまぐれでキリンビールを当てる確率が1/2もあるのですから……．

では，もういちどテストをしてみたところ，こんども見事にキリンビールをいい当てたと思っていただきましょう．続けて2回も当てたのですから，これで私にキリンビールを判別する能力があるといえるでしょうか．「ノー」です．私の判別能力がからっきしだめでも，まぐれで2回連続いい当てる確率が1/4もあり，いまは偶然にこの1/4が起こったにすぎないのかもしれないからです．

さらに，もういちど……．また，当たってしまいました．これでも私に判別能力があるといえないのでしょうか．だんだん話がむずかしくなってきました．私に判別能力がまったくないのにまぐれで連続3回も当たる確率は1/8です．いま目の前で1/8の確率でしか起こらない現象が起こったと考えるより，そろそろ私に判別能力があると認めるほうがすなおではないかとも思えます．けれども，いまは私にキリンビールを判別する能力があるかどうかを確かめようとしているのです．「確かめる」という立場からいえば，「まぐれ

ではない」といい切るほどの自信はありません．もう少し調べてみないと判決は下せないというところが本音です．で，引き続きテストを続行することにします．

4回めも，「当たり」です．私に判別能力がまったくないのに，まぐれで4連続正解となる確率は1/16，つまり6.25％です．これはかなり小さな確率です．こんな小さな確率の現象が，いま目の前に起こったと強情を張るより，いいかげんに往生して，そろそろ私のキリン判別能力を認めて脱帽したらどうでしょうか．

さて，こうなると問題は6.25％が小さい確率かどうかということです．ところが，16回に1回の割でしか起こらないような確率を小さいと感じるか，いや16回に1回も起こるくらいならまだ小さいとはいえないと思うかは主観の相違なので議論をしていたらきりがありません．そこで，一応の約束として5％以下の確率を小さい確率とし，5％より大きければ小さい確率とはみなさないことにします．このことについては，あとでやや詳しく補足するつもりですが，とりあえずはこの約束に従って話を進めていくことをお許しください．

私に判別能力が皆無でも，まぐれで4回連続して当たる確率は6.25％もあります．私たちの約束に従えば，これは必ずしも小さな確率とはいえません．いいかえれば，まぐれで4連続して当たることは，ままあることなのだから，4連続して当たったからといって私に判別能力があるとはいい切れないことになります．

それなら，5回連続してキリンをいい当てたらどうでしょうか．私に判別能力がないにもかかわらず，まぐれで5回連続して当たる確率は

$$\left(\frac{1}{2}\right)^5 = \frac{1}{32} = 3.125\%$$

まぐれか実力かを裁く

にしかすぎません．約束に従えば 3.125％ は小さい確率です．したがって，このような小さい確率の現象が目の前で起こったと考えるのは不自然であり，まぐれで当たったのではなく，私には判別能力があると認めなければなりません．データ不足のためにちゅうちょしていた軍配がやっと私に上がったのです．

こういう考え方，つまり，偶然によってはめったに起こらないような事象が起こったならば，偶然に起こったのではなく，その事象を起こすような原因が存在したと信じようという考え方に従って，ある現象や効果が何らかの原因から必然的に生じているかどうかを統計的に調べる手法を**検定**といいます．そして，検定は推定と並んで統計解析のもっとも基本的な手法です．

ところで，5 回連続して当たったという実績によって私にはキリン判別能力があると検定されたのですが，しかし，心静かに反省すると，ほんとうは私にキリン判別能力がなく，でまかせをいっていたとしても 5 回連続してキリンをいい当てる確率が 3.125％ はある

のです．真相は 3.125% の事象が偶然にも起こったにすぎないのかもしれないではありませんか．それにもかかわらず，私には判別能力があると検定してしまうのです．したがって，この検定がまちがった結論を出している確率が 3.125% だけあることは明らかです．

こういうわけですから，5% 以下の確率は小さい確率とみなすという私たちの約束に従って検定を行なえば，その検定がまちがった答を出す確率が 5% はあることになります．このように検定がまちがってしまう確率を**危険率**といいます．

危険率は検定がまちがった答を出す確率ですから，こんなものは小さいほうがいいに決まっています．それなら危険率がもっと小さくなるように，5% 以下の確率を小さいとはみなさず，1% 以下の確率を小さいと約束すればいいはずですが，しかし，考えてもみてください．かりに，0.01% の危険率で私のキリン判別能力を検定しようものなら，13 回も連続でキリンビールをいい当てても

$$\left(\frac{1}{2}\right)^{13} \fallingdotseq 0.000122 = 0.0122\%$$

であり，まだ 0.01% より大きいので私に判別能力があるとはいい切れず，もっとテストを続けてみないと何ともいえない……となって，検定にたいへんな手間がかかってしまいます．たかが私のキリン判別能力くらいのことなら，たとえまちがった判決を下したところで，だれもたいした迷惑を被るわけでもありませんから，5% くらいまちがうことがあるのは覚悟して，5 回連続していい当てたところで私に判別能力ありと判定してしまってもよさそうです．

このように，検定の危険率を小さくすればするほど，早とちりの判定を下す危険は減少するけれど，検定の手間がかかると同時に，

能力があることがすでに実証されているにもかかわらず軍配を上げる決心が遅れる危険が増大します*. したがって, 検定の危険率を小さくすることは「石橋を叩いて渡る」ことに相当し, 危険率を小さくしすぎると「石橋を叩いても渡らない」ことになってしまいます. で, 検定がまちがってもたいして困らないような場合には危険率を 5% にし, まちがうと被害甚大なときには 1% とか 0.1% とかの危険率をとるのがふつうです.

なお, 検定のやり方をふり返ってみると「私にはキリン判別能力がない」と仮定するなら, このような現象はめったに起こらないはずなのに, それが起こったのだから仮定を捨てて「私にはキリン判別能力がある」と判定しようというのです. この手口はちと風変わりです. 何らかの仮定を設けて話の筋を展開するときには, ふつうは, そのような仮定を設ければ納得のいく筋書きになることを示して仮定の正しさを主張したい場合が多いのですが, 検定では, 捨て去ることを期待した仮定を設けようというのですから, いくらか背理法**に似た手口です. そこで検定に使われるこのような仮定を,

---

* 早とちりのほうを**あわてものの誤り**, 決心が遅れるほうを**ぼんやりものの誤り**と俗称しています. そして, 前者を α, 後者を β で表わすのですが, あわてものの'あ'が α, ぼんやりものの'ぼ'が β と, 語呂を合わせてあるところがミソです. 詳しくは『統計のはなし』(改訂版)135 ページを見ていただければ幸いです. なお, この α と β とは, 第 5 章にもういちど顔を見せる予定です.
** ある事実を否定するような仮定を設けてみると思いがけない矛盾が発生するので, これは仮定がまちがっているにちがいないと思い返して事実を肯定するような証明法を背理法といいます. ずいぶん, すねた証明法ではありませんか. 詳しくは『図形のはなし』17 ページ.

4. 名行司ものがたり

判別能力がない（×）

「キリン」

否定することを内心で期待するのが
帰無仮説

無に帰することを期待している仮説という意味で，**帰無仮説**と名付けています．

　最後に……．私にキリン判別能力があるかどうかを検定したいなら，「判別能力がない」などという仮説を設けないで，「判別能力がある」という仮説をたてればよかろうにとお思いの方にお答えします．

　「判別能力がある」とはいったいどういうことでしょうか．100％間違いなくキリンを当てることができるなら，もちろん「判別能力がある」でしょうが，90％キリンをいい当てる場合でも，80％いい当てる場合でも，程度の差こそあれ，「判別能力がある」というのがふつうでしょう．さらに，70％や60％はいい当てる場合でも「いくらか判別能力がある」といわれてもおかしくはありません．こうしてみると，「判別能力がある」を仮説とするなら，「90％以上の判別能力がある」とか「70％以上の判別能力がある」のように，判別能力の程度を明らかにしてもらわなければなりません．

これさえ明らかにしてもらえば検定はできますが、どの程度を選ぶかがむずかしいところです。そこで、無用の議論を避けて話の筋道を単純にするために、「判別能力がない」という仮説をたてるのが、ふつうの検定のやり方の基本になっています。

確率で判定する

怪談は夏の夜の風物かと思っていたら、近頃では年がら年中、ホラーものがテレビや映画館で上映されており、こわいもの見たさで映画館にはいる人も多いようです。そのくせ、恐怖のシーンになると目をつむって画面を見ない人も少なくないようですが、肝腎のシーンを見ないくらいならはじめから映画館にはいらなければよさそうなものです。

ところで、ここに、それはおそろしいホラー映画がありました。恐怖のあまり観客の中に失神する人が続出するというのが宣伝文句です。そこで、ふつうの男女を15人ばかり集めてこの映画を試写したところ、宣伝文句に偽りがなく、8人の男女が失神して卒倒してしまいました。その男女別の内訳は表4.1のとおりです。男8人のうち2人だけしか卒倒していないのに対して、女は7人のうち6人も卒倒してしまったのですから、恐怖に対しては男より女のほうが失神しやすいように思えますが、さて、この表の結果によって女のほうが失神しやすいと判定していいものでしょうか。危険率5%で検定してみることにします。

表 4.1 観客の反応の一覧表

	卒倒した	卒倒しない
男	2	6
女	6	1

4. 名行司ものがたり

まず,失神しやすさについて男と女に差がないという仮説をたてましょう.この仮説はあとで否定することを内心では期待しているのですから帰無仮説です.

15人の男女のうち8人が失神したのでしたが,15人から8人を取り出す組合せは*

$${}_{15}C_8 = 6435 \text{ ケース}$$

もあり,各人の失神しやすさに差がないと仮定しているのですから,この6435ケースは同じ確率で発生すると考えることができます.

また,男だけに注目してみると,8人のうち2人が失神したのでしたが,8人から2人を取り出す組合せは

$${}_8C_2 = 28 \text{ ケース}$$

だけあります.そして,女だけに注目するなら,7人のうち6人が失神したのでしたが,7人から6人を取り出す組合せは

$${}_7C_6 = 7 \text{ ケース}$$

だけあります.

ところで,男8人のうち2人が失神する28ケースのどれが起こっていても,そのとき女7人のうち6人が失神するケースが7つあるのですから,男8人のうち2人が失神し,かつ女7人のうち6人が失神するケースは

$$28 \times 7 = 196 \text{ ケース}$$

---

* $${}_nC_r = \frac{n!}{r!(n-r)!}$$

であり,詳しくは『確率のはなし』(改訂版)80ページあたりを見ていただいてもいいのですが,${}_nC_r$ が一見して読み取れるパスカルの三角形を292ページの付録4に載せておきました.

だけあるかんじょうです．そうすると，15人の男女のうち8人が失神するケースの数が6435ケースもあるのに，そのうち，男が2人，女が6人だけ失神するのは196ケースですから，男と女の失神しやすさに差がないにもかかわらず，偶然の結果として男が2人，女が6人だけ失神する確率は

$$\frac{196 \text{ケース}}{6435 \text{ケース}} = 0.030 = 3.0\%$$

しかないことがわかります．これは，5%に比べて明らかに小さな確率です．したがって「男と女に差がない」という仮説を捨てて，女のほうが失神しやすいと判定することになる……と思うのですが，ちょっと待ってください．

失神してぶっ倒れた8人の内訳が男2人，女6人であったことから女のほうが失神しやすいと判定するくらいなら，8人の内訳が男1人，女7人であれば，もちろん女のほうが失神しやすいと判定するに決っています．だから，男2人女6人の確率のほかに男1人女7人の確率も上乗せして判定を下さなければなりません．男1人女7人の確率は，男2人女6人の確率を求めたときとまったく同じ手順で計算すると

$$\frac{{}_8C_1 \times {}_7C_7}{{}_{15}C_8} = \frac{8 \times 1}{6435} = 0.001 = 0.1\%$$

です．これを男2人女6人の確率に上乗せしてみると

$$3.0\% + 0.1\% = 3.1\%$$

となります．つまり，失神した8人の中に女が7人以上含まれている確率が3.1%だということです．この確率は確かに5%以下ですから，「男と女に差がない」という仮説を捨てて，「女のほうが失神

しやすい」と判定することができます.

なに……? 男1人女7人の確率を上乗せするくらいなら男0人女8人の確率も上乗せしなければいけないはずだといわれるのですか. いいところに気がつかれました. そのとおりです. ただし, いまの例では女はぜんぶで7人しかいませんから男0人女8人になる確率はゼロなのです.

余談ですが, 1985年に日航のボーイング747が群馬県の御巣鷹山で墜落し, 520人もの方が亡くなり奇跡的に4人の方が助かったのですが, この4人はすべて女性でした. このように, ほとんど助からないはずの墜落事故で奇跡的に助かるのは女性ばかりで, このほかにも信じられないようないくつかの実例があります.

なぜ, 女性ばかりが助かるのかというと, 女性のほうが皮下脂肪が多く体が柔らかいなどの理由もありますが, 1つには女性は簡単に失神してしまうので体に無理な力がはいらないため体の損傷が少ないのだろうといわれています. 泥酔したときころんでも, 意外にけがをしないようなものでしょう.

理想と現実の食い違いに手がかりを求めて

恐怖のあまり失神して卒倒する映画の話をつづけます. 15人の男女のうち半数以上にも相当する8人がぶっ倒れてしまうようでは, いくらなんでも一般の映画館で上映するには問題が多すぎるというので, 残念ながら迫力のある一部のシーンをカットして封切ることにしました. そして, ある映画館で一般公開したところ, かなりの人が卒倒はしましたが, 観客の半数以上も卒倒することはなく,

表 4.2　観客の数はこのくらいがふつう

	卒倒した	卒倒しない	計
男	21	433	454
女	44	540	584
計	65	973	1038

1038 名の観客のうち 65 名がぶっ倒れるにとどまりました．その内訳は表 4.2 のとおりです．この結果から女が男よりも失神しやすいといえるかどうかを検定してください．検定の危険率はいままでどおり 5% としましょう．

どうということはありません．前節と同じ手順を踏めばいいはずだと気楽な調子で検定の作業をはじめます．ところが，まず，1038 人から 65 人を取り出す組合せは

$$_{1038}C_{65}$$

なのですが，この値を求めようとしたところで，鉛筆がはたと止まってしまいます．この値が容易に計算できないのです．これは 103 ページの脚注にあるように

$$_{1038}C_{65} = \frac{1038!}{65!(1038-65)!}$$

という値なのですが，1038! は $1 \times 2 \times 3 \times 4 \times \cdots\cdots$ とどんどんかけ合わせて，ついに 1038 までの自然数をぜんぶかけ合わせた値ですから，ちょっとやそっとでは計算できず，気が遠くなるような作業が必要です．スターリングの公式*を使って近似的な計算をする手も

---

* スターリングの公式はつぎのとおりです．
$$n! \fallingdotseq \sqrt{2\pi}\, n^{n+\frac{1}{2}} e^{-n}$$

ありますが，これとても，並の電卓の助けを借りたくらいでは，素人の手に負えません．したがって，$_{1038}C_{65}$ を求め，さらに $_{454}C_{21}$ や $_{584}C_{44}$ なども計算して卒倒した 65 人のうち女が 44 人である確率を算出することなど実際問題として不可能と考えていいくらいです．

そのうえ，前節どおりの検定の手順を追うなら，卒倒した 65 人のうち女が 44 人のときの確率ばかりか，45 人の確率，46 人の確率，47 人の確率……（中略）……65 人の確率をぜんぶ計算して加え合わせなければならないのですから，ヤーメタとなってしまいます．

けれども検定の作業をやめてしまってはいけません．ある方法でうまくいかなければ，別の方法に活路を見出すのです．押してもだめなら，引いてみな，です．

ころっと発想を変えます．1038 名の観客のうち 65 名が卒倒したのですから，ちょうど 65/1038 が卒倒したことになります．もし，男も女も差がなく卒倒するなら，男は，男の総数 454 名の 65/1038，つまり

$$454 \times \frac{65}{1038} \fallingdotseq 28.4 人$$

が卒倒するのが「並」であるはずです．このような値を期待値と呼びましょう．人数にコンマ以下の数字が付くのはおかしいではないかと思われるかもしれませんが計算を正確にするためですから，ご容赦ねがいます．

いっぽう，女のほうは総数 584 名ですから，男と女の卒倒しやすさが同じなら，女の卒倒者の期待値は

$$584 \times \frac{65}{1038} \fallingdotseq 36.6 人$$

表 4.3　卒倒者の期待値と実現値との食い違い

	期待値	実現値	実現値−期待値
男	28.4	21	−7.4
女	36.6	44	7.4

です．それなのに現実には，男が 21 人，女が 44 人倒れているのです．ごちゃごちゃしてきたので，一覧表に整理すると卒倒者数の期待値と実現値とは表 4.3 のようになります．

　この表を見てください．男性の場合，もし男女に差がないのなら平均的に 28.4 人くらいぶっ倒れるはずなのに，現実にはそれより 7.4 人も少ない 21 人しか卒倒していません．これに対して女のほうは，36.6 人くらい倒れるのが平均的なのに，現実には 44 人も倒れてしまい期待値を 7.4 人も上回っています．なぜ，期待値と実現値がこうも食い違うのでしょうか．

　男と女の卒倒のしやすさが等しいのが真実なら，偶然のいたずらによって実現値が多少は期待値と食い違うことがあるにしても，こんなに食い違う確率はうんと小さいにちがいありません．これほど食い違っているからには，女のほうが男よりも倒れやすいのが真実の姿ではないでしょうか．

　こうしてみると，期待値と実現値の食い違いの大きさが「男女の倒れやすさには差がない」という仮説を検定する手がかりを与えてくれそうです．具体的にいうならば，期待値と実現値とがこれほど以上に食い違ってしまう確率を求めてみて，その確率が 5% より小さければ仮説を棄却して「女のほうが卒倒しやすい」と判定が下せようというものです．

食い違いを検定する

実現値と期待値の食い違いぶりが検定のための手がかりを与えてくれそうだと気がついたのですが，この場合，食い違いの大きさはいくらでしょうか．それは 7.4 人に決っているではないかと，簡単におっしゃらないでください．女のほうの食い違いは確かに 7.4 人ですが，男のほうは -7.4 人です．7.4 と -7.4 とを混同してしまうようでは数学的センスの欠如が疑われてもしかたがありません．「食い違い」という見方からすれば 7.4 でも -7.4 でも同じことだから，絶対値をとって 7.4 としたのだと，それでも強弁される方は，絶対値を含んだ数式がいかに数学的に取り扱いにくいものであるかを思い出してください．

それに，いまの例では男と女の 2 種類しかないために，食い違いの絶対値が男と女とで等しいのですが，3 種類以上を同時に対象とすると，そうはいきません．そこで意地が悪いようですが，問題を表 4.4 のように取り替えてしまいます．すなわち，男 200 人，女 150 人，子供 100 人の計 450 人に恐怖のシーンを見せたところ，ちょうど 1 割の 45 人が卒倒してしまったことにするのです．ちょうど 1 割が卒倒したのですから，男と女と子供の倒れやすさが同じな

表 4.4 問題を意地悪くしてみる

	人　数	実現値	期待値	実現値−期待値
男	200	8	20	−12
女	150	22	15	7
子　供	100	15	10	5
計	450	45		

ら，男20人，女15人，子供10人が卒倒するのが平均的なところであり，これが期待値です．

さあ，こんどは食い違いの大きさはいくらでしょうか．男が－12，女が7，子供が5だけ食い違っているのですから，全体としての食い違いの大きさはこれらを合計した値と考えるのが自然ですが，残念ながら，これらを合計するとゼロになってしまいます．それもそのはず，期待値は一種の平均値であり，平均値はそこからの食い違いの総和がゼロになるような値なのですから……．

そこで，これらの食い違いをすべて2乗して，マイナスの符号を取ってから合計することにします．このあたりの考え方は，標準偏差の計算などでもおなじみのとおり，統計を取り扱う数学の常套手段です．すなわち，食い違いの大きさを

$$\Sigma(実現値 - 期待値)^2$$

で表わそうというのですが，ここで，もうひとくふうを加えます．いまの例では子供の人数は100人でしたから食い違いは5人だったのですが，かりに人数が10人であったとすると，きっと食い違いはもっと少なく2名くらいに減るでしょうし，かりに総数が200人であれば食い違いは5名よりも大きくなる傾向があるにちがいありません．つまり，人数によって食い違いの大きさが影響を受けるのです．人数が変わるたびに値が変化するようでは食い違いの大きさを表わす約束ごととして上等ではありません．そこで，この影響を消すために(実現値－期待値)^{2}を期待値で割ってから合計することにします*．もちろん，各区分ごとの人数で割ってもいいのですが，総数と期待値とは正比例しますから，人数の影響を取り除くという効果は期待値で割っても同じことです．こういうわけで，食い違い

食い違いの尺度は
$$\sum \frac{(実現値-期待値)^2}{期待値}$$

の大きさを

$$\sum \frac{(実現値-期待値)^2}{期待値}$$

で表わすことに約束します.

この約束に従って,表4.4の場合について食い違いの大きさを計算してみると,つぎのようになります.

	人 数	実現値	期待値	その差	2乗する	期待値で割る
男	200	8	20	−12	144	7.2
女	150	22	15	7	49	3.3
子供	100	15	10	5	25	2.5
計	450	45				13.0

---

* (実現値−期待値)^2 が相手なのだから,期待値で割るのではなく,期待値の2乗で割るべきではないか,と思われた方は,卓越した数学センスをお持ちのようです.確かに次数からいうとそのとおりなのですが,偏差平方和の平均値はデータの数の2乗にではなく,データの数に正比例しますから,データの数の影響を除去するためには期待値で割るのが正しいのです.

さて，食い違いの大きさを約束に従って計算してみると，13.0 という値になったのですが，問題はこの 13.0 がめったに起こらないくらい大きな値なのか，それとも偶然によってしばしば起こるような並の値なのかということです．もっと具体的にいうなら，このような約束で計算された食い違いの値が 13.0 以上になるようなことが 5% 以下の確率でしか起こらないのであるならば，男と女と子供の倒れやすさに差がないという仮説を捨てて，差があるという判決を下すことになるのです．

食い違いの大きさが 13.0 以上になる確率がどのくらいあるかを知るためには，食い違いの大きさの分布を調べてみなければなりません．それには，つぎのようにやればいいでしょう．

450 枚のカードを準備して，200 枚には「男」，150 枚には「女」，100 枚には「子供」と書きます．よくシャッフルした後，45 枚のカードを取り出し，その中に含まれる「男」，「女」，「子供」の枚数をかぞえます．この枚数が実現値です．期待値が 20, 15, 10 であることはいままでと同じですから，実際の実現値と期待値によって

$$\sum \frac{(実現値 - 期待値)^2}{期待値}$$

の値を計算し，記録にとどめます．たぶん，13.0 とは異なる値が記録されたことでしょう．

記録が終わったら抜き取った 45 枚のカードをもとに戻してじゅうぶんによくシャッフルし，再度，45 枚のカードを取り出して，同じ手順で食い違いの値を計算して記録します．そして，また……と，根気よく実験を繰り返してたくさんの値を集めたら，それを棒グラフに描き，棒の先端をなめらかな曲線でなぞります．そうする

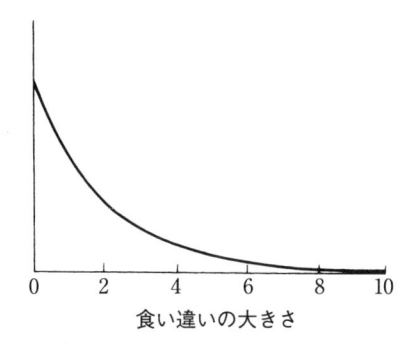

図 4.1 きっと，こういうグラフになる

と，図 4.1 のような曲線が描かれるはずです．つまり，このような約束に従って算出した食い違いの大きさは，ゼロに近いことが多く，10 を超すことなどほとんどあり得ないのです．

この実験は，人数を一斉に倍にしても 5 倍にしても同じような結果が得られます．なにしろ，3 ページほど前に書いたように，人数の影響を取り除くように食い違いの大きさの表わし方を決めているのですから．

さらに，もっと有難いことには，人数の割合が 200：150：100 でなく，どのような割合であっても，男，女，子供のように 3 つの分類を対象としていさえすれば，食い違いの大きさは同じ形の分布をすることがわかっています．そして，この分布は自由度が 2 の χ^2 分布なのです．図 4.1 の曲線を 65 ページの図 3.3 と比較してみてください．$\phi=2$ の χ^2 分布曲線と同じ形をしていることが見られるはずです．

整理していきましょう．男と女と子供の 3 分類の倒れやすさを検定するために，食い違いの大きさを

$$\sum \frac{(実現値-期待値)^2}{期待値} \quad (=\chi^2)$$

として計算すると，その値は自由度 2 の χ^2 分布から取り出された 1 つの値とみなすことができます．付表の χ^2 分布表を見ていただ

くと自由度2のχ^2の値が5.99より大きくなる確率は5%にすぎないことがわかります．けれども，私たちが恐怖のシーンを男と女と子供に見せて1割を卒倒させた結果から求めた食い違いの大きさ，つまりχ^2の大きさは13.0もあったのです．自由度2のχ^2の値が13.0以上になることは5%よりずっと小さな確率であるにちがいありません．したがって，私たちは，男と女と子供の卒倒のしやすさは等しいという仮説をいさぎよく捨てて，この3者の卒倒しやすさには差があると判決を下すことになります．そして，こういうとき，男と女と子供の卒倒しやすさには**有意差**があるといいます．

この場合，自由度はなぜ2なのでしょうか．109ページの中ほどの計算手順を見てください．期待値を計算するときに，卒倒する割合は男，女，子供を平均すると45/450であるという「平均値」を1つだけ使っています．そのためには，たとえば，男と女の実現値が8と22であれば子供の実現値は15でなければならず，自由度が1つ減少して2になってしまったのでした．

最後に話を106ページの表4.2に戻して，男454名，女584名に恐怖のシーンを見せたところ，男21名，女44名が失神してぶっ倒れたことから，男女の失神しやすさに差があるかどうかを検定してみましょう．食い違いの大きさをχ^2を計算すると

	人　数	実現値	期待値	その差	2乗する	期待値で割る
男	454	21	28.4	-7.4	54.8	1.93
女	584	44	36.6	7.4	54.8	1.50
計	1038	65				$\chi^2=3.43$

となります．いっぽう，付表のχ^2分布表を見ていただくと，自由

度1のχ^2の値が3.84より大きくないと、こういう食い違いが起こる確率が5%以下であるとはいえないことがわかります．したがって、この場合、男女の卒倒しやすさに差がないという仮説を棄却することができず、男女の卒倒しやすさに差があるとはいえないという結論になります．つまり、男女の卒倒しやすさには有意差が見られないのです．もちろん、積極的に差がないと保証しているわけではありませんから念のため……．

数ページにわたって、恐怖のショックによる卒倒のしかたが男と女で差があるかどうかを検定してきましたが、このような検定は**独立性**の検定といわれます．性別と卒倒しやすさが互いに無関係であるかどうか、いいかえれば、互いに独立であるかどうかを検定しているからです．そして、起こり得るケースの数から直接に確率を計算して判定を下した104ページあたりの方法を**フィッシャーの直接検定法**[*]といい、χ^2の値を計算したうえでχ^2分布の数表と見比べて判定を下した方法を**χ^2検定**といっています．

ちょっと専門的な話になりますが、χ^2分布は連続型の分布です．ところが、男女の卒倒者の数は1人を単位としたとびとびの値にしかなり得ませんから離散型のデータです．ですから、それにフィッシャーの直接検定法を適用すれば誤差のない検定ができるのですが、連続型のχ^2分布で検定すると若干の誤差を生じてしまいます．そして、その誤差はデータの数が少ないときには我慢のできない大きさになってしまうことがあります．その証拠に表4.1のデータで男

---

[*] Ronald A. Fisher (1890〜1962) はイギリスの統計学者で、推測統計の創造に最大の功績があったといわれています．

女の卒倒しやすさを χ^2 検定してみると

	人 数	実現値	期待値	その差	その2乗	期待値で割る
男	8	2	4.3	−2.3	5.3	1.2
女	7	6	3.7	2.3	5.3	1.4
計	15	8				$\chi^2=2.6$

なのですが，自由度1の χ^2 分布表を見ていただけばわかるように，χ^2 の値が3.84以上でなければ危険率5%「男女に差がない」という仮説を捨てられませんから「男女に差があるとはいえない」との結論になってしまいます．これは，104ページの判定とは合致しません．データが少なすぎるため χ^2 検定に誤差が生じてしまったのです．こういう次第ですから，データが少ないときにはなるべく直接検定法によることをおすすめします．直接検定がとてもめんどうなくらいにデータの数が多ければ，χ^2 検定をしてもたいした誤差は生じませんから，χ^2 検定を利用していただいて結構です．

なお，前の章の59ページあたりに

$$\chi^2 = \frac{(x_1-\bar{x})^2+(x_2-\bar{x})^2}{\sigma^2} \qquad (3.3)と同じ$$

という式があったことを思い出す方がおられるかもしれません．正規分布する母集団から2つの標本を取り出したとき，その偏差平方和を σ^2 で割った値が χ^2 分布するというのでした．この式と，今回の式

$$\chi^2 = \Sigma \frac{(実現値-期待値)^2}{期待値} \qquad (4.1)$$

との間に何やら関係がありそで，なさそで……と気になるかもしれませんが，この関係をご説明するには Γ 関数にまで言及しなければ

ならず,とても私の手には負えませんから説明を割愛します.この式は両方ともほんとうだと信じておいていただけませんか.

両側検定と片側検定

スパイの7つ道具の1つに乱数表があります.0から9までの10個の数字がまったくデタラメに並んでいるだけの数表ですが,数字の組合せで作成した通信文にこのデタラメな数字を加えて送信するので,敵に傍受されても通信の内容がばれないですむという仕かけです.断っておきますが,デタラメといっても,いい加減ということではなく,癖がないという意味で,無作為(ランダム)ということです.つまり,0から9までの数字の現れ方も数字どうしの連なり方も,数字の繰り返し方にも癖がないということです.

さてある人に100個の数字をデタラメに書いてもらったと思っていただきましょうか.その100個の数字を分類してみると

   0 が 9回 4 が 10回 8 が 8回
   1 が 13回 5 が 8回 9 が 11回
   2 が 12回 6 が 10回
   3 が 8回 7 が 11回

だけ使われていることがわかりました.各数字が10回ずつ使われているのが平均なのに,13回も使われている数字や8回しか使われていない数字があるのですが,この人の書いた100個の数字の場合,数字の現れ方に癖があるといえるでしょうか.

こんな問題を解くのは,もう屁でもありません.ただちにχ^2検定をやってみましょう.χ^2の値を計算してみると

数　字	出現回数	期待値	その差	その2乗	期待値で割る
0	9	10	-1	1	0.1
1	13	10	3	9	0.9
2	12	10	2	4	0.4
3	8	10	-2	4	0.4
4	10	10	0	0	0.0
5	8	10	-2	4	0.4
6	10	10	0	0	0.0
7	11	10	1	1	0.1
8	8	10	-2	4	0.4
9	11	10	1	1	0.1
					$\chi^2 = 2.8$

となります．χ^2 分布表によると自由度9の χ^2 の値が 16.92 以上であるとき，危険率5％で「数字の現れ方に癖がない」という仮説が捨てられるのですから，2.8 という χ^2 の値では，とても仮説を捨てるわけにはいきません．「数字の現れ方に癖があるとはいえない」というのが判決です．

ところが，ここに落し穴が待っています．数字の現れ方に癖があるとは何でしょうか．子供に数字をデタラメに並べさせると，その子の好みに合った数字がたくさん現れてしまいます．これに対して，知性と教養を誇る先生方に数字をデタラメに書いてもらうと，0から9までの数字が同じ割合で現れるように注意を払ったあとが見られるのがふつうです．こうしてみると，0から9までの数字の出現回数にムラが多すぎるのと同様に，ムラが少なすぎるのも癖があるうちにはいります．いいかえれば，食い違いの大きさを示す χ^2 の値が大きすぎるのと同様に，小さすぎても癖があるということになります．

そこで，もういちど χ^2 分布表を見ていただくと，自由度 9 の χ^2 の値が小さいほうの 5% にはいるのは 3.33 より小さい場合です．ごらんください．私たちの χ^2 の値 2.8 は小さいほうの 5% にはいっているではありませんか．つまり，この出現回数は，偶然ではめったに起らないほど揃いすぎているのです．したがって，「この数字の現れ方に癖がある」と判定を下すことになります．

ところが，です．もう 1 つの落し穴がここに待っています．いま，私たちは「癖がない」という仮説を検定しているのです．ムラがありすぎるほうだけ，あるいはムラがなさすぎるほうだけを調べているのではありません．となれば，5% をムラがありすぎるほうとムラがなさすぎるほうに，2.5% ずつ配分してやる必要があります．χ^2 分布表によると，確率が小さいほうの 2.5% 以下になるのは χ^2 の値が 2.70 以下であり，また，大きいほうの 2.5% 以上になるのは 19.02 以上の場合ですから

$\chi^2 < 2.70$ または $\chi^2 > 19.02$

であれば，5% の危険率で「数字の現れ方に癖がない」という仮説を捨てて「癖がある」と判定し

$2.70 < \chi^2 < 19.02$

なら，仮説を捨てきれませんから「癖があるとはいえない」と判定することになります．私たちの例では，χ^2 が 2.8 ですから「癖があるとはいえない」というのが正解です．

この例のように，食い違いの多すぎるほうも少なすぎるほうも問題にするような検定を**両側検定**といい，どちらか片方だけを問題にするような検定を**片側検定**といいます(図 4.2)．両側検定の場合には危険率を両側に 1/2 ずつ配分しなければならないと決まってい

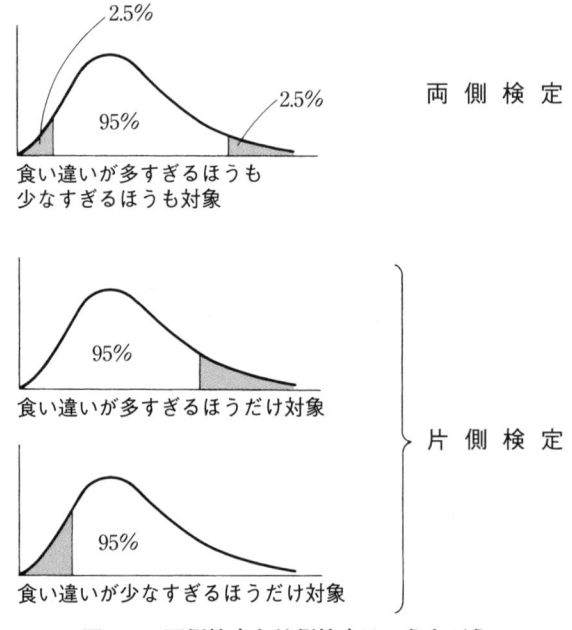

図 4.2 両側検定と片側検定はこうちがう

るわけではありませんが，他の割合で配分する特別な理由がない限り，1/2 ずつ配分するのが数学の世界の常識です．

平均値を検定する

ある地方都市での架空の話です．市内の肉屋では牛肉を 100g ずつパックして市販しているのですが，ときどき量目不足のパックがあるのがけしからんと，市会議員の 1 人が青筋をたてて市議会で指弾したと思っていただきます．これに対して肉屋連盟が抗弁することには，どんなに腕のいい肉屋でも 100g ぴったりに肉を切り揃え

ることはできず,文字どおり多少の多い少ないはできてしまうのだから,すべてのパックを 100g 以上にしようとすれば平均値はかなり 100g を上回ってしまう,それを要求されたのでは採算がとれないから,このさい値上げをさせてもらうしかない……．

売り言葉に買い言葉で,感情的な対立となって収拾がつきません.ついに議長が乗り出して,市販する牛肉のパックはいくらか 100g を割るものが混っていても平均して 100g 以上あればいいことにする代わりに値上げもしない,という妥協点に到達したとしましょう.なんとも日本的な市議会ではありませんか.

そして,その翌日,くだんの議員先生が,市議会に血相を変えてとび込んできました.朝方に肉屋を回って 6 個のパックを買い求め,重さを量ってみたところ,その結果は

94g	97g
98g	99g
102g	98g

であり,平均すると 98g しかなく,肉屋連盟は昨日の約束を破っているのですよと叫び,この調査に私財を 4800 円も投入したのだと強調し,証拠物件として 6 個の牛肉パックを高々とかかげて見せたものです.

けれども,ほんとうにそうでしょうか.この 6 個の平均値が 98g だからといって,肉屋連盟が約束に違反して平均 100g 以下のパックを売っていると断定できるのでしょうか.くだんの先生が運悪く,いや,運良くかな,たまたま小さめに切られた牛肉のパックを買い求めたにすぎず,ほんとの平均値は 100g 以上あるのではないでしょうか.そこで,「平均値は 100g である」と仮説をたてて,それ

が棄却できるかどうかを検定してみようと思います.

まず,第2章に,母平均 μ も母標準偏差 σ もわからない正規分布の母集団から n 個の標本を取り出すと

$$t = \frac{\bar{x} - \mu}{\frac{s}{\sqrt{n-1}}} \qquad (2.6)と同じ$$

$$s = 標本標準偏差 = \sqrt{\frac{\Sigma(x_i - \bar{x})^2}{n}}$$

$$\bar{x} = 標本平均$$

が t 分布をすると書いてあったのを思い出していただかなければなりません. そして, 思い出していただきさえすれば, この節の勝負は終わったようなものです. 私たちはいま「平均値は100gである」と仮説をたてたのですから

$$\mu = 100\text{g}$$

としたことになります. そうすると, 式(2.6)の右辺にある n はわかっているし, $\bar{x}$ も s も容易に計算できますから, それらから算出した t の値と t 分布表を見比べれば, そのような t の値以上になる確率がわかり, 仮説が検定できようというものです.

さっそく, やってみましょう. 計算してみると

$$\bar{x} = 98$$

$$s = 2.38$$

ですし, 計算するまでもなく $n = 6$ ですから

$$t = \frac{98 - 100}{\frac{2.38}{\sqrt{6-1}}} \fallingdotseq -1.88 \qquad (4.2)$$

となりますが, t 分布表では $+$ も $-$ も同じことですから, $t = 1.88$

としてけっこうです.

　さて，巻末の t 分布表（296 ページ）と対照してみてください．巻末の t 分布表では両すその面積，つまり両側検定のときの確率を使っていますが，今回は牛肉の平均値が 100g 以下であることを立証したいだけですから片側検定をすればよく，したがって危険率 5% で検定するなら両すその面積が 10% のところを見ればいいはずです．自由度 5，両すその面積 0.10 のところを見ると t は 2.015 となっています．したがって，t が 2.015 以上になる確率は 5% しかありませんから，t が 2.015 以上になれば仮説を捨てて，「平均は 100g に足りない」といえるはずです．けれども，くだんの先生が買い求めた牛肉パックの t の値は，1.88 ですから，先生には気の毒ですが，仮説は棄て去るわけにはいかず，「平均が 100g を下回っているとはいえない」という結論になります．平均値が 100g を下回っているかどうかは，もっと私財を投入して，たくさんの牛肉パックを買い集めて調査をしてみないことには，何ともいえないの

です．

　第2章では，母平均を区間推定するために t 分布を使いましたし，この章では平均値を検定するのに t 分布のお世話になりました．考えてみれば，区間推定と検定とは兄弟どうしです．それを確かめるために，たまたま買い求めた牛肉パック6個の重さから市販されている牛肉パックの母平均を区間推定してみましょうか．手順は，43ページあたりと同じです．いま t 分布表から読み取ったように，両すその面積が10%(片すそなら5%)になるような t の値は

$$t = \pm 2.015$$

ですから，これらを式(2.6)に代入すれば

$$\pm 2.015 = \frac{98-\mu}{\frac{2.38}{\sqrt{6-1}}} \tag{4.3}$$

となり，これを整理すると

$$\mu = 98 \pm 2.14 = 95.86 \sim 100.14 (\mathrm{g})$$

が得られます．つまり，母平均は90%の確率で95.86〜100.14gの間にあることがわかります．そして，母平均が100.14gより大きい可能性は5%であり，100gという値は95%のほうに含まれているのですから，「母平均は100gである」とう仮説は棄てられないはずであり，推定の結果と検定の結果がぴったんこです．

　推定と検定の関係は，図4.3を見ていただいてもいいし，式(4.2)と式(4.3)とを比べていただいてもいいのですが，推定では，片側が5%になるように t を決めたうえで，μ の存在範囲を求めているのに対して，検定では μ の値を仮定して t を求め，その t が5%の範囲にはいるかどうかをチェックしていたことになります．

4. 名行司ものがたり

t 分布

推　定

5％　　　　　　　　　　5％

95.86　　98　　100.14

90％の確率で
μはここにある

検　定

5％

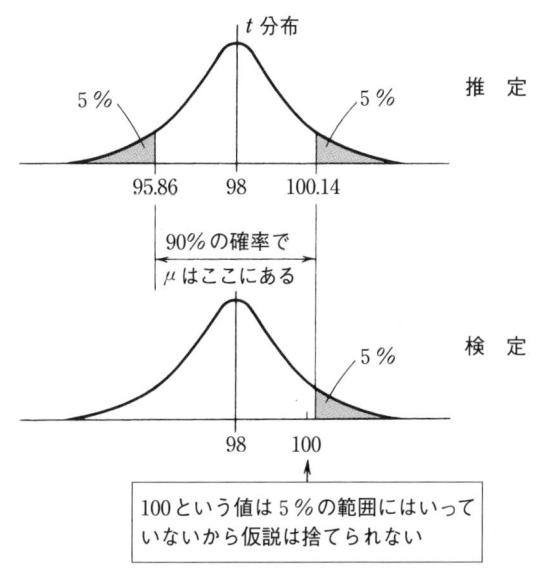

98　100

100という値は5％の範囲にはいって
いないから仮説は捨てられない

図 4.3　推定と検定は兄弟どうし

こういうわけですから，推定の手順をわずかに変えれば検定ができるし，検定の手順を応用すれば推定もできようというものです．その証拠として，前章で取り扱ったいくつかの推定の例を，そっくり検定の問題としてみようと思います．

ばらつきを検定する

全従業員のうち，たまたま4人について昨年の貯金額を調べてみたら

　　　10万円，　10万円，　30万円，　30万円

であったのですが，貯金額のばらつきが大きいのは不公平で腹が立

つから，全従業員のばらつきの大きさを区間推定してみようと思いたち，このデータをもとに

$$\chi^2 = \frac{(10-20)^2+(10-20)^2+(30-20)^2+(30-20)^2}{\sigma^2}$$
$$= \frac{400}{\sigma^2} \qquad (3.5)と同じ$$

を求め，自由度 3 の χ^2 分布表から χ^2 の 90% 信頼区間を

$$0.352 < \chi^2 < 7.81$$

と読み取り，この両式から，σ の 90% 信頼区間が

$$33.7 \text{万円} > \sigma > 7.16 \text{万円}$$

であることを知り，この程度のばらつきに腹を立てたのか立てなかったのか忘れてしまいましたが，要するに，こんな区間推定を 60 ページのあたりでやったことがありましたっけ．これを検定の問題にすり替えてみましょうか．

4 つのデータから標本標準偏差を計算してみると，だれがやっても

$$s = 10 \text{万円}$$

となります．データがたった 4 つですから，偶然による誤差はあるにしても母標準偏差が 10 万円の 3 倍にも当たる 30 万円を超すようなことはまずない……と感じるのが並の感覚です．母標準偏差は 30 万円以下であると判定されることを期待して

$$\sigma = 30 \text{万円}$$

という帰無仮説をたてて，検定してみることにします．危険率は 5% です．この結果は 14 行ばかり前の不等式に露見しているのですが，ま，固いことをいわずに付き合ってください．

σ を 30 と仮定すると，χ^2 の値は式(3.5)から

$$\chi^2 = \frac{400}{30^2} \fallingdotseq 0.444$$

です．σが大きくなればなるほど χ^2 の値は小さくなるのですから，この χ^2 の値が χ^2 分布の左すそ面積が5%になる値より，小さければ，仮説は捨てられることになります．ところが，χ^2 分布表によると自由度が3で左すそ面積が5%になる χ^2 の値は0.352です．したがって，仮説を無に帰すことはできません．つまり，σは30万円であるとの疑いを捨てきれないのです．σが30万円を超すようなことはまずない……と保証したければ，もっとデータを増やして調べてみる必要があります．

ばらつきの比を検定する

調子が出てきたぞ，つぎへ進みましょう．67ページの例題を盗用します．

2つの時計について1日ごとの進み遅れを調べてみたところ，その結果は秒単位で

　　時計①　69, 70, 68, 72, 67, 73, 71

　　時計②　57, 45, 49, 50, 44, 55, 43, 51, 55, 51

であり，これを推計学らしく整理すると

$$\text{時計①}\begin{cases} n_1 = 7 \\ \bar{x}_1 = 70 \\ s_1 = 2.0 \end{cases} \qquad \text{時計②}\begin{cases} n_2 = 10 \\ \bar{x}_2 = 50 \\ s_2 = 4.6 \end{cases}$$

となり，明らかに時計①のほうが進み遅れのばらつきが小さいので優れた時計のようですが，そう判定していいかどうか検定をしてく

ださい．危険率は5％です．

こういうとき，不偏分散を

$$\frac{n}{n-1} s^2 = V \tag{3.6もどき}$$

と略記すると

$$F = \frac{V_2/\sigma_2^2}{V_1/\sigma_1^2} \tag{3.7と同じ}$$

が F 分布をするのだと72ページのあたりに書いてあったのを思い出しておいていただきましょう．

ここで，私たちは2つの時計のばらつきに差がないという仮説をたてます．つまり

$$\sigma_1 = \sigma_2$$

と仮定するのです．そうすると式(3.7)の分子にある σ_2^2 と分母にある σ_1^2 とが帳消しになって

$$F = \frac{V_2}{V_1} \tag{4.4}$$

となります．ところが，式(3.6)もどきに時計①と②のデータを入れてみると

$$V_1 = \frac{7}{7-1} 2.0^2 \fallingdotseq 4.7$$

$$V_2 = \frac{10}{10-1} 4.6^2 \fallingdotseq 23.5$$

ですから

$$F = \frac{23.5}{4.7} = 5.00$$

が得られます．2つの時計のばらつきから求めた F の値が 5 なのです．さて，巻末の F 分布表(299ページ)を見てください．分子の自由度が 9，分母の自由度が 6 で右すその面積が 5% になるような F の値は 4.10 です．私たちの F は 5.00 でしたから，私たちの F のほうが大きいではありませんか．したがって，σ_1 と σ_2 とが等しいという仮説を捨てて σ_2 より σ_1 のほうが小さく，時計①のほうが優れているという判決を下すことができます．

「σ_1 と σ_2 が等しい」という仮説を捨てるなら，「σ_1 と σ_2 とは等しいとはいえない」，いいかえれば「σ_1 と σ_2 とには差がある」と判決を下すべきであり，「σ_1 のほうが σ_2 より小さい」と断定するのはいき過ぎではないか，と気づかれた方は，完全に検定の思想をマスターされた方です．脱帽……．

ここは，やっかいですが，重要なところなので補足させていただきます．いまかりに，時計①のほうは原理的に時計②より進み遅れのばらつきが小さくなるようなメカニズムによって作られているとしましょう．つまり，どう考えても時計①のほうがばらつきが大きくなりっこはないと信じられているのです．そして実際に調べてみたところ

$$s_1 = 2.0, \quad s_2 = 4.6$$

ですから，予期どおり時計①のほうが優れているようであり，あとは有意差があることを検定すればいいだけです．そういう場合は，片側検定をすればいいのですから，「σ_1 と σ_2 とが等しい」という仮説が棄却できれば残るのは「σ_1 のほうが σ_2 より小さい」という結論だけです．

これに対して，σ_1 が σ_2 より小さいという傍証が何もなければ両

側検定をしなければなりません．危険率5％で両側検定をするなら，判定の基準は片すその面積が2.5％になるようなFの値であるはずです．分子の自由度が9，分母の自由度が6で右すその面積が2.5％であるようなFの値は5.52です．私たちのFは5.00でしたから，こんどは仮説を捨てるわけにはいきません．すなわち，時計①と時計②の進み遅れのばらつきに差があるとはいえない，と判定することになります．

　結局，データ以外に時計①のほうが少なくとも劣ることはないという証拠があって有意差を検定するなら片側検定を使うことができ，時計①のほうが優れているという判定が出るのですが，そのような傍証がなければ両側検定をするのが正しく，その場合には，時計①のほうが優れているとはいえないとなってしまいます．傍証という名の情報があるときのほうが明確な判決を下せることがわかります．

パーセンテージを検定する

　2006 FIFA ワールドカップで日本がブラジルと対戦した日，618台のテレビのうち230台がその放映にチャンネルを合わせていたので，テレビの視聴率は

$$\frac{230}{618} \fallingdotseq 37.2\%$$

でした．ふつう，視聴率が30％を超えると「高い視聴率を示した」といわれるそうですが，日本対ブラジル戦の37.2％は高い視聴率を示したと判断していいでしょうか．危険率5％で検定をしてください．危険率を1％にしたらどうでしょうか．

83 ページあたりの記述を思い出していただくか，ごめんどうでも見ていただきたいのですが，母集団中の比率を p，標本の中の比率を $\hat{p}$ とすると

$$p \text{ の推定区間} = \hat{p} \pm k\sqrt{\frac{\hat{p}(1-\hat{p})}{n}} \qquad (3.12) \text{と同じ}$$

であることを私たちは知っています．ここに使われている k は，正規分布の表で所望の面積を与えるような横軸の値であり，90％ の信頼区間なら 1.65，95％ 信頼区間なら 1.96，また，98％ 信頼区間なら 2.33 となります．

さて，私たちは 37.2％ が 30％ より高い視聴率であることを検定したいのですから，片側検定をすればいいはずです．したがって，私たちの帰無仮説「$p=0.3$」を式(3.12)に代入して

$$0.3 = 0.372 - k\sqrt{\frac{0.372(1-0.372)}{618}}$$

としていいことになります．そこで，これを計算すると

$$k = 3.70$$

が求まります．しかるに，です．正規分布の片すその面積が 5％ になるような k の値は 1.65 ですから，明らかに私たちの k のほうが大きいことがわかります．したがって，「$p=0.3$」は棄却して視聴率は 30％ より高いと判断が下ります．

また，正規分布の片すその面積が 1％ になるような k の値は 2.33 ですが，私たちの k はこれよりも大きいので危険率を 1％ にしても「視聴率は 30％ より高い」と判定することになります．

ちなみに，$k=3.70$ のときの片すその面積は 0.011％ くらいですから，618 軒の調査によって算出した視聴率が 37.2％ であること

から，全国の視聴率が 30% 以上であると判断すると，その判断が間違う確率は 0.011% にすぎず，これなら命を賭けて保証してもいいくらいです．

ひとやすみ

5. 代表選手の言い分を聞く
―― 抜取検査のはなし ――

標本調査と抜取検査

お医者さん，ごめんなさい……．いつの世の治療でも病気は治したけれど患者は死んでしまったとか，手術は大成功なのに患者が死んだ，ということが起きると聞きました．薬を与えたり放射線をかけたり手術をしたりして治療の対象であった病根は消滅したのに，薬や放射線や手術の副作用に患者の体力が耐えられず，命を落としてしまうことがあるのでしょう．

世の中には，これに似たようなことが，よくあるようです．はげしいランニングの途中で心臓発作を起こして落命したり，マイホームを購入したためのローンに追われてみじめな生活を送ったり……，これらは，いずれも手段を目的と取り違えたところに起きる悲劇です．病気の治療は健康を回復するという目的を達成するための手段なのに，病気の治療そのものを目的にしてしまったり，体力を維持する手段としてのランニングなのに，走ることだけを目的にしてし

手段と目的を取り違えないように……

まい，体力どころか命まで失ったり，楽しい生活を送るのが目的で購入するマイホームなのに，マイホームを入手することだけが人生の目的であるかのように錯覚してしまったり……．手段を目的と取り違えることのないよう，お互いに注意したいものです．

さて，ここから本論です．大量に生産されている製品の中に不良品がどのくらいの割合で含まれているかをなるべく正確に知りたいのですが，どうしたらいいでしょうか．

迷っていないで，片っぱしから検査して良品と不良品とを仕分ければいいではないか，全数を調べあげればこれほど確かなことはないのだから……と思われる方が多いでしょう．確かに，ある場合には，そのとおりです．けれども，これがまったくナンセンスである場合も少なくありません．

たとえば，大量生産されているかんづめにどのくらいの不良品が含まれているだろうかと，片っぱしからかんづめを開いて内容物を検査してみてください．確かに不良品の数は正確にわかりますが，

5. 代表選手の言い分を聞く

市販できるかんづめが1個もなくなってしまいます．手術は成功したのに患者が死んでしまった場合と，まったく同じナンセンスではありませんか．この場合，量産される製品に含まれる不良品の割合がどのくらいかを知って，生産の工程に改善を加えたり，苦情処理の対策を練ったりすることが目的であり，検査すること自体はそのための手段にすぎないのです．

かんづめの内容物の検査のように，検査することによって傷が付き製品としての価値がなくなるような検査を**破壊検査**といいますが，破壊検査を必要とする場合に全数検査をするのは一般的にいってナンセンスであり，一部の標本だけを検査する**抜取検査**によらなければなりません．

さらに製品を傷付けずに行なうような検査を**非破壊検査**といいますが，非破壊検査ですむ場合でも，全数を検査するためには多くの費用と時間がかかるので，抜取検査はもっとも重要な手法の1つとなっています．

ところで，第3章や第4章で，618台のテレビを調べたところ230台のテレビが2006 FIFAワールドカップの日本対ブラジル戦にチャンネルを合わせていたからとか，6個の牛肉パックを買ってみたところ，その平均値が98gであったので……などという例題をいくつも解いてきました．いずれも母集団の中からいくつかの標本を選んで——テレビの例題なら，日本国中のテレビから618台の標本を取り出したのですし，牛肉パックの例なら，いたるところの肉屋で市販されている無数の牛肉パックから6個の標本を選んだのですし——そして，標本の性質から母集団の性質を推定したり検定したのでした．そのときには，このような調査を標本調査と呼んでいた

のでした．けれども，標本調査も抜取検査も母集団の中からいくつかの標本を選び出し，標本の性質から母集団の性質を推しはかるという意味では，まったく同じではありませんか．いったい，標本調査と抜取調査とはどうちがうのでしょうか．

この2つは，本質的には，ほとんど同じと考えて差し支えありません．ただ，世論調査や市場調査などのように社会的な現象を対象にしているときには標本調査といい，工場における品質管理などのような生産技術上の問題として扱われる場合には抜取検査と使い分けているくらいの感じです．

標本調査と抜取調査とが本質的に同じものなら，改めて抜取検査についての章を起こすことはないことはないではないかと不審に思われるかもしれませんが，本質的には同じでも名前が異なるだけのことはあって，抜取検査のテクニックには推定や検定とはいっぷう変わった趣があります．その趣をこの章ではご紹介しようと思うのです．

抜取検査は神様ではありません

別に，か・ん・づ・め・にこだわる必要はないのですが，あまりころころと題材を変えるのもなんですから，しばらくの間か・ん・づ・め・で参ります．ある工場で，ある農園から一括して仕入れた桃を材料にして桃かんを作っていると思っていただきましょうか．一括して仕入れた桃がなくなるまで，手順も環境もまったく一定のままで自動機械によって桃かんが作られていきます．したがって，この材料を使いきるまでは一定の品質の桃かんが生産されていくと考えて差し支えあ

5. 代表選手の言い分を聞く

りません．こうして作られた桃かん全体を1つの**ロット**(仕切り)といいます．

別の農園から仕入れた材料を使ったり，生産の手順や環境が変われば別のロットとみなさなければなりません．材料や生産手順や環境が変われば品質も変わると考えなければならないからです．

さて，生産された桃かんの1つのロットからランダムに50個の標本を抜き取って検査し，不良品が1個もなければもちろんオーケーです．また，1個だけ不良品が発見されたときには，ロットを合格と判定して市場へ送り出すことにしましょう．数千個のか・ん・づ・め・から成るこのロットの中には数十個程度の不良品が含まれている可能性があり，会社の信用も落とすし，顧客からの苦情もくるでしょうが，かといって，このロットを不合格と判定して数千個の製品を捨ててしまうのは，あまりにも，もったいないからです．

けれども，50個の標本の中に2個以上の不良品が発見されたら，残念ですがこのロットを不合格と判定していさぎよく捨ててしまうことにします．大損害ですが，このロットを市場に出すと会社の信用失墜が他の商品も含めた販売戦略に大きな悪影響をもたらしそうなので背に腹は代えられません．

こうして，私たちは1ロットの桃かんの中から50個の標本を取り出して検査し，不良品が1個以下ならそのロットを合格と判定し，不良品が2個以上ならロットを不合格と判定することに決めたのですが，さて，この判定基準にはどのような意味があるのでしょうか．

この意味の解明にはいるために，ちょっとした準備が必要です．ロットの真実の不良率を p としましょう．この p は全数検査をしてみない限りでは，神のみぞ知る値です．このロットからランダムに

n 個の標本を取り出すと,その標本の中に r 個だけ不良品が含まれている確率は

$$P(r) = \frac{(np)^r}{r!} e^{-np} \tag{5.1}$$

で表わされます*.

ひゃー参った,とおっしゃらないでください.この式は形は不気味ですが,実は,たいしたことないのです.この式の中に np というのが 2 カ所ありますが,np は標本の中に含まれる不良品の数の期待値(平均値)ですから

$$np = m$$

とおきましょう.そうすると,式 (5.1) は

$$P(r) = \frac{m^r}{r!} e^{-m} \tag{5.2}$$

となります.e^{-m} は数表になっていろいろな本に載っていますが,その一部を左の表 5.1 に書いておきましたから,当面,この値を利用してください.

準備完了です.かりに私たちのロットの不良率が 0.01 つまり 1% で

表 5.1 e^{-m} の値

m	e^{-m}
0.00	1.00000
0.01	0.99005
0.02	0.98020
0.05	0.95123
0.10	0.90484
0.20	0.81873
0.30	0.74082
0.50	0.60653
1.00	0.36788
2.00	0.13534
3.00	0.04979
5.00	0.00674
8.00	0.00034

---

* これは,母集団が大きく,p が小さく(0.1 以下くらい),n が大きく(50 以上ぐらい),そして期待値 np が 0〜10 くらいのときに使用できる近似式で**ポアソン分布**といいます.詳しくは,『確率のはなし』(改訂版) 93〜97 ページをごらんください.

あるとしましょう．50 個の標本を取り出すのですから

$$m = np = 50 \times 0.01 = 0.5$$

です．$e^{-0.5}$ は左ページの表 5.1 から約 0.607 であることや，m^0 は 1，0！は 1 であることを念頭において，標本に含まれる不良品の数と確率を計算していきます．そうすると

$$\text{不良品が 1 個もない確率} = \frac{0.5^0}{0!} \times 0.607 = 0.607$$

$$\text{不良品 1 個を含む確率} = \frac{0.5^1}{1!} \times 0.607 = 0.303$$

$$\text{不良品 2 個を含む確率} = \frac{0.5^2}{2!} \times 0.607 = 0.076$$

$$\text{不良品 3 個を含む確率} = \frac{0.5^3}{3!} \times 0.607 = 0.013$$

$$\text{不良品 4 個を含む確率} = \frac{0.5^4}{4!} \times 0.607 = 0.001$$

………以下，無視できる………

となります．これを棒グラフに描いたものが次ページの図 5.1 で上から 2 番めのグラフです．

この場合，標本の中の不良品がゼロである確率 0.607 と，不良品が 1 個だけ含まれる確率 0.303 とを加え合わせると，0.910 ですから，標本の中の不良品が 1 個以下ならこのロットを合格させるという約束に従うなら，このロットは 91% の確率で合格するにちがいありません．反対に，このロットは 9% の確率で不合格の烙印を押される可能性を持っています．

くどいようですが，もういちど繰り返すと，不良率 1% のロット

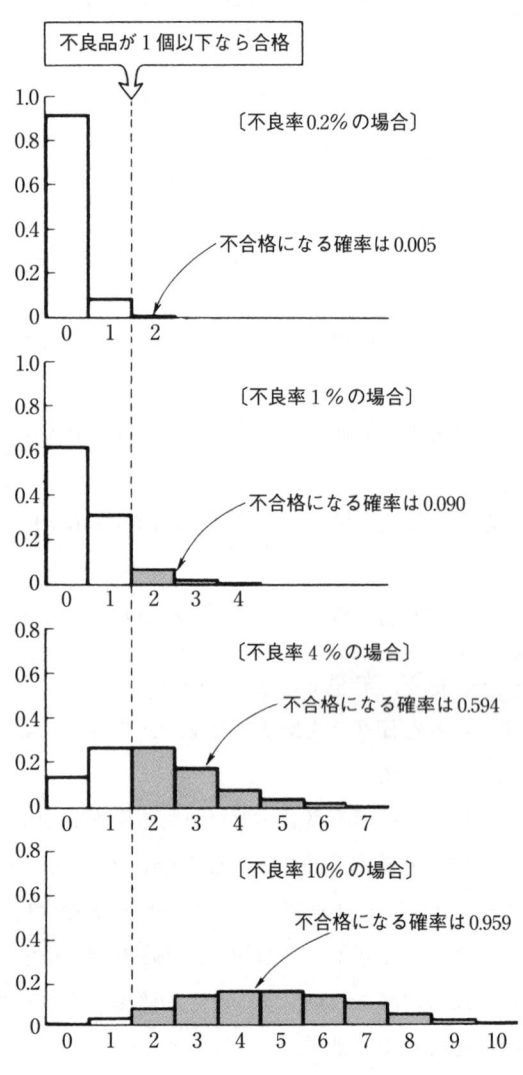

図 5.1 ロットが合格する確率はこうしてわかる

に「50 個の標本中の不良品が 1 個以下であれば合格」というルールを適用すると，そのロットが合格する確率が 91%，不合格になる確率が 9% あるわけです．「50 個の標本中の不良品が 1 個以下であれば合格」というルールは，50 分の 1 は 2% なので，不良率 2% 以下のロットは合格させ，不良率が 2% を超えるロットは不合格とするルールのように思えますが，それほど単純明解にはいかないのです．

では，不良率がわずか 0.2% という優秀なロットに同じルールを適用したらどうでしょうか．計算の手順はいまと同じですから省略しますが，計算結果を図 5.1 のいちばん上の棒グラフに描いてあります．こんどは，このロットが不合格になる確率は 0.005，つまり，0.5% しかありません．さすがぁです．それでも，これほど優秀なロットでさえも不合格となって無残にも捨てられてしまう確率をわずかながら持っていることにご注意くだされ．

つぎに，ロットの不良率がぐっと悪くなって 4% ならどうかと計算してみた結果が，図 5.1 の上から 3 番めの棒グラフです．同じルールを適用するなら，このロットが不合格になる確率は 59.4% です．この程度のロットでは合格したり不合格になったりが 4 分 6 分くらいの割で起こることがわかります．

さらに，不良率が 10% という粗悪なロットに同じルールを適用してみると，図 5.1 のいちばん下の棒グラフからわかるように，このロットは 95.9% という高い確率で不合格になり，市場に送り出すのを阻止することができます．しかし，わずか 4.1% ですが，この粗悪なロットが合格と判定されて堂々と出荷される危険性もあるのです．

このように,「50個の標本に1個以下の不良品しか発見されない場合にロットを合格にする」という検査基準によると,不良率0.2%のロットはさすがに高い確率で合格はしますが,不合格として捨てられてしまう危険性もわずか0.5%とはいえ覚悟しなければなりません.いっぽう,不良率10%という粗悪なロットは,ほとんど出荷を阻止されますが,それでも4%程度の確率で合格と判定されることを覚悟しておく必要があります.これが抜取検査の宿命です.理想をいえば,不良率何%以下のロットは確実に合格させ,それ以上のロットは確実に不合格とするような検査法が望ましいのですが,それは全数検査以外にはあり得ないのです.

OC曲線を読む

「50個の標本に含まれる不良品が1個以下なら合格」という検査基準を決めると,不良率が0.2%という優秀なロットなら99.5%の高い確率で合格するし,不良率1%のロットなら91%の確率で,不良率4%のロットは40.6%の確率で検査に合格し,不良率10%という粗悪なロットは4.1%の確率でしか合格しないと書いてき

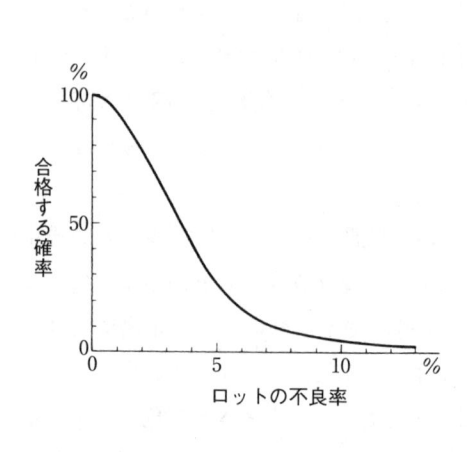

図5.2 これがOC曲線だ

ました．この有様をグラフに描いてみると図5.2のようになります．

このグラフを見ていただくと，不良率が5％以上もあるようなロットを合格させてしまうことも珍しくないし，反対に，不良率が1％より小さい優良なロットを不合格にさせてしまうこともときには起こり得ることがわかり，50個もの桃かんをおしゃかにして検査した割には，しまりのない検査だなと感じます．このような曲線は，抜取検査の性質がよく表われているので**検査特性曲線**とか**OC曲線**(Operating Characteristic Curve)とか呼ばれています．

検査のルールが変わると，当然，OC曲線も変わります．その様子を見ていただきましょうか．まず，合格の判定基準を

「50個の標本中に不良品が2個以下なら合格」

「50個の標本中に不良品が1個以下なら合格」

「50個の標本中に不良品がゼロなら合格」

と3段階に変化させてみます．これは140ページの図5.1を上から下まで貫通している破線の位置が，右へ1目盛移ったとき，そのまま，左へ1目盛移ったとき，の3段階に相当しますから，3とおりのOC曲線を描くのはわけはありません．図5.3のとおりです．

もちろん，「不良品が2個以下なら合格」という甘いルールの場合には，不良率の大きな粗悪ロットを合格させる確率が増す代わりに不良率の小さな優良ロットを不合格にする危険性は減少します．そして，「不良品がゼロの場合だけ合格」という厳しいルールを採用すれば，粗悪ロットを合格させる確率は減りますが，優良ロットを不合格にする危険性は増大します．当たり前すぎて，おもしろくも，おかしくもありません．

こんどは，ちと高級です．「50個中の不良品が1個以下なら合

[標本数 50]

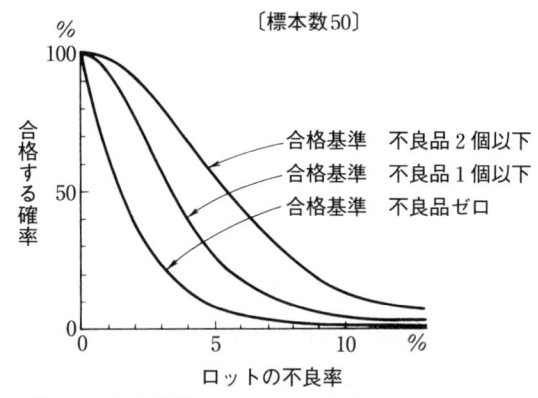

図 5.3 判定基準によって OC 曲線はこう変わる

格」というルールは，パーセントでいえば，「標本中の不良品が 2% 以下なら合格」ということです．そして，この 2% は検査の厳しさのバロメーターです．そこで，この 2% を固定して抜き取る標本の数を変化させてみましょう．一例として

「 50 個の標本中に不良品が 1 個以下なら合格」
「100 個の標本中に不良品が 2 個以下なら合格」
「200 個の標本中に不良品が 4 個以下なら合格」

の 3 段階に変化したらどうなるでしょうか．計算には 138 ページの式(5.1)を使うのですが，途中経過は省略して結果だけをお目にかけると，図 5.4 のとおりです．

図を見てください．「50 個中 1 個以下」のときには不良率 5% 以上もあるようなロットを合格させてしまうことも珍しくなかったのですが，抜取個数を増やして「100 個中 2 個以下」とすると不良率 5% 以上のロットを合格させる可能性はぐっと少なくなり，さらに

図中:
%
100

不良品の数が
　50個のうち1個以下なら合格
　100個のうち2個以下なら合格
　200個のうち4個以下なら合格
　全数のうち2%以下なら合格

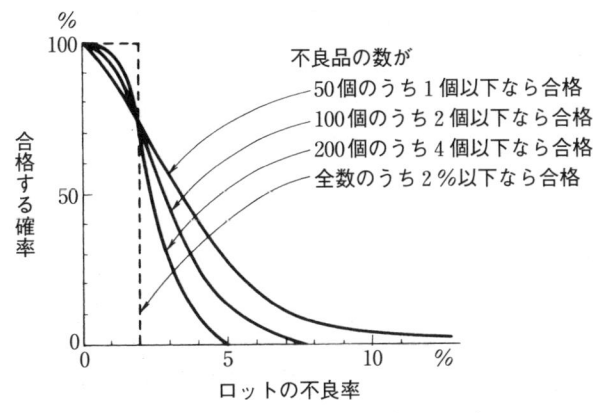

合格する確率

50

0
　0　　　　　　5　　　　　　10　　%
　　　　　　ロットの不良率

図5.4　抜取個数によってOC曲線はこう変わる

「200個中4個以下」とすれば，不良率5%以上のロットを合格させる可能性は皆無といってもいいくらいになります．

いっぽう，「50個中1個以下」のときには，不良率1%以下の優良ロットを不合格にしてしまう危険性が無視できなかったのですが，「100個中2個以下」さらに「200個中4個以下」と標本の数を増すにつれて優良ロットを不合格にする危険性は減少していきます．このように標本の数を増すと検査の結果は，不良ロットを排斥するほうにも，優良ロットを採用するほうにも，ぐあいよく作用することがわかります．いうなれば，抜取個数が多いほど検査の検定力が増加しているわけで，その有様は鋭く落下するOC曲線の形から伺い知ることができます．

では，もっともっと標本の数を増して，ついに全数検査をしてしまったらどうでしょうか．OC曲線は図の中に破線で記入したようになり，不良率2%以下のロットなら確実に合格し，不良率が2%

を上回るロットなら確実に不合格と判定するにちがいありません．これが理想的な OC 曲線ですが，OC 曲線がこのような理想的なスタイルになるのは全数検査のときだけなのが，かえすがえすも口惜しいところです．

リスクは分け合うのがいい

前節までで，不良率何％以下のロットは確実に合格させ，不良率がそれ以上のロットは確実に不合格にするような正確な判定は，しょせん抜取検査ではできないことが理解できたし，思わしくない判定を下してしまう確率がどのくらいあるかは OC 曲線から読み取れることもわかりました．けれども，まだいちばん肝腎なことが抜けています．いったい，どのような目的で抜取検査を行なうとき，どのような抜取検査を行なえばよいのでしょうか．抜取検査はなんらかの目的を達成するための手段にすぎませんから，目的を見失って手段の勉強ばかりにとらわれていては，いけないのです．で，こんどは抜取検査の目的のほうに目を向けることにします．

一般的にいえば，商品の生産者と消費者の利害には相反するところがあるのがふつうです．生産者の側からいえば，せっかく経費をかけて作り出した商品ですから，多少の不良品が混じっていても消費者に買いとってもらいたいし，まして，不良率の小さい優良なロットが検査で不合格になり商品として認められないようでは困ります．いっぽう，消費者の側に立つなら，代金を払って商品を買いとるのですから，ごく少数の不良品が混じっているのはやむを得ないにしても，不良率の大きい粗悪ロットはぜひとも検査の段階で排除

してもらわなければなりません.

この両者の立場は明らかに対立しています. そこで, 不良率何%以下なら取引き成立, それ以上の不良率なら取引きはとりやめ, という明確な一線を引いて約束をしたいのですが, なんべんも書いてきたように, 抜取検査ではその一線より上にあるか下にあるかを100% 正しく判定することはできません.

そこで, 生産者のほうは, 優良ロットが不合格となる確率を少しは覚悟し, 消費者のほうは粗悪ロットが合格となるいくらかの確率をがまんして, 抜取検査の危険(リスク)を分担し合わなければなりません. 自分のほうの安全性ばかりを主張したのでは, 抜取検査は成立しないのです. こうして, 生産者と消費者の双方がリスクを分担することになるのですが, このうち生産者が負担するリスク, つまり, 優良ロットが不合格と判定されてしまうリスクを**生産者のリスク**といい, 消費者が負担するリスク, つまり, 粗悪ロットが合格と判定されてしまうリスクを**消費者のリスク**と呼んでいます.

使い慣れた「50個の標本中に不良品が1個以下なら合格」という判定基準を例題にして, 生産者のリスクと消費者のリスクとを調べてみましょうか.

いま, 生産者側が, 不良率1%くらいならかなり優良なロットだから, この程度の優良ロットが不合格になる確率が10%もあるようでは困ると考えていたとします. 図5.1を見ていただくと, 不良率1%のロットが不合格になる確率は0.09つまり9%です. したがって, 生産者側の希望は一応満たされており, この場合, 不良率1%のロットに対する生産者のリスクは9%です.

これに対して, 消費者側は, 不良率が10%もある粗悪ロットを

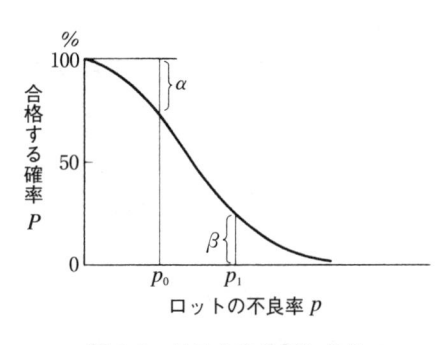

図 5.5 リスクを分担しあう

合格させてしまう確率が 5% もあるようでは困ると主張していたとしましょう．図 5.1 を見ると，不良率 10% のロットが合格する確率は 0.041，つまり約 4% です．したがって，消費者側の希望も満たされており，この場合，不良率 10% のロットに対する消費者のリスクは約 4% です．

このことを，一般的に書くと，抜取検査では，生産者は不良率 p_0 のロットが α の確率で不合格になるリスクを負い，消費者は不良率 p_1 のロットが β の確率で合格するリスクを負担しているということになります（図 5.5）．

なお，生産者のリスク α は，100 ページでご紹介した「あわてものの誤り α」に相当します．不良品がちょっと発見されただけで，そのロットが不良ロットであるとあわてて判定を下してしまっているからです．これに対して，消費者のリスク β は「ぼんやりものの誤り β」に相当します．不良品が見つかっているのにぼんやりしていて，不合格と判定するのが遅れているからです．

そして，通常の抜取検査では，α は 5%，β は 10% とするのがふつうです．生産者のリスクを 5% に抑えながら消費者のリスクを 10% にもするのは，強者である生産者が弱者である消費者に犠牲を強いるものである，だんじて許せない……と苦情が出そうな気配ですが，冷静に考えてみてください．

5. 代表選手の言い分を聞く

リスクは分担しあうのがお互いの幸せ

　何千個，何万個と作られている桃かんのロットが誤って不合格と判定され捨てられてしまえば大損害です．このようなことがしばしば起こるなら，市販する桃かんの値段に，この損害のぶんだけ上乗せしておかなければなりません．これは，消費者にとっても大きな損失です．これに対して，不良率が多すぎるロットが合格と判定されて市場に流れた場合には，確かに不良品に遭遇して不愉快な気持ちになるチャンスが増えますが，不良品は捨てて別の桃かんを開ければいいのですから，損害は比較的少なくてすむでしょう．こういうことが多いので，一般にβに比べてαを小さくとるのがふつうなのです．決して大企業の専横ではありませんから，誤解しないでください．

あわてものと，ぼんやりものを両立させる法

　さて，理屈はわかったけれども，所望のαとβになるように抜取

個数や合格判定基準を決めるには,どのような手順を追えばいいでしょうか.抜取個数と合格判定基準を決めれば,148ページまでの手順によってαとβが計算できることは明らかですが,偶然に所望のαとβとが現れるまで,片っぱしから計算を繰り返していたのでは,たまったものではありません.

確かにそのとおりです.けれども,所望のαとβになるように抜取個数や合格判定基準を決める手順を一般的に書き下すには無理があります.p_0とα,p_1とβのすべてを決めたとしても,抜取個数や判定基準数に端数を許すならば,この2点を通るOC曲線は無数にあるし,端数を許さないならば厳密には1本のOC曲線も存在しないことが多いからです.

そこで,実務上の便利のために,抜取個数と合格判定基準を決めるための表を右に示しておきました.この表5.2は,JIS Z 9002に掲載されている表の一部分に多少の手を加えたもので

　　　生産者のリスク$\alpha = 5\%$

　　　消費者のリスク$\beta = 10\%$

としたときの抜取個数と合格判定基準数を示しています.各欄には2つの数字が並んでいますが,左側の数字が抜取個数,右側の数字が合格判定基準数で,不良品がその数以下であれば,ロットを合格にすることを意味しています.

1つだけ,例題を試してみましょう.不良率1%のロットに対する生産者のリスクを5%,不良率10%のロットに対する消費者のリスクを10%にするような抜取個数と合格判定基準数を求めてください.

わけはありません.αが5%,βが10%ですから表5.2を使え

ます.

$p_0 = 1\%, \quad p_1 = 10\%$

の欄を見れば,答いっぱつ,です.左端の p_0 の区分には「0.901～1.12」がありますからこの行を右へ,また,上段の区分には「9.01～11.2」がありますから,この列を下へ,そしてぶつかった欄には「40　1」とあります.したがって,40個の標本を取り出し,その中の不良品が1個以下なら合格と判定するし,不良品が2個以上なら不合格と判定すればよいことがわかります.

表5.2　あわてものと,ぼんやりものを両立させる表

$p_0\%$ ＼ $p_1\%$	2.81～3.55	3.56～4.50	4.51～5.60	5.61～7.10	7.11～9.00	9.01～11.2	11.3～14.0
0.281～0.355	120　1	100　1	100　1	80　1	20　0	20　0	15　0
0.356～0.450	150　2	100　1	80　1	80　1	60　1	15　0	15　0
0.451～0.560	150　2	120　2	80　1	60　1	60　1	50　1	15　0
0.561～0.710	200　3	120　2	100　2	60　1	50　1	50　1	40　1
0.711～0.900	250　4	150　3	100　2	80　2	50　1	40　1	40　1
0.901～1.12	300　6	200　4	120　3	80　2	60　2	40　1	30　1
1.13～1.40	500　10	250　6	150　4	100　3	60　2	50　2	30　1
1.41～1.80	650　15	400　10	200　6	120　4	80　3	50　2	40　2
1.81～2.24	850　20	550　15	300　10	150　6	100　4	60　3	40　2

$\alpha = 5\%$, $\beta = 10\%$ に対する抜取個数と合格判定基準数

前に,「50個中の不良品が1個以下なら合格」とすると, α が9%, β が4%であったのと比べてみてください.「40個中に1個以下」のほうが判定基準が甘くなっただけに生産者のリスクは9%から5%に減り,消費者のリスクは4%から10%に増えていることがわかります.

なお,表5.2を見ていただくと, p_0 と p_1 の値が近いほどたくさんの抜取個数を必要とすることに気がつくでしょう.同じ程度の不良率に対して生産者と消費者の希望がまっ向から対立しているので,厳密に検査しなければならないからです.

不良率を薄めて市場へ出そう

こんどの例題は,桃かんの検査ではぐあいが悪いのです.桃かんの検査はかんづめを開いて中味を調べるので,検査した桃かんは商品にはなりません.つまり,破壊検査です.ところがこんどは,不合格と判定されたロットについては全数を検査して不良品を良品と交換してやろうというのですから破壊検査ではぐあいが悪いのです.そんなことをしたら,せっかくの良品もぜんぶ不良品になってしまいもとも子もありません.

そこで,大量生産されているボルトの寸法をロットごとに抜取検査していると思っていただくなりゆきとなります.寸法検査なら非破壊検査ですから,検査されて合格すれば商品として顧客に渡すことができるでしょう.

さて,ロットごとに抜取検査をして,合格ならそのまま市場へ流すし,不合格になったロットは捨てるのがもったいないので,全数

5. 代表選手の言い分を聞く

検査をして，不良品を交換してから市場へ流すことにします．こうすると，抜取検査はどのような効果をもたらすでしょうか．もちろん，市場へ流れる製品の不良率は改善されるにちがいありませんが．

とりあえず使い慣れた「50個の標本中の不良品が1個以下なら合格」というルールで抜取検査をすることにします．このルールでは，なんべんか書いたように，不良率1%のロットなら91%の確率で合格と判定し，9%の確率で不合格と判定されるのでした．こんどは，不合格になったロットはすべて良品に交換されてから市場へ出すのですから，市場へ流された全ロットをならしてみると，その不良率は

$$\underbrace{0.01 \times 0.91}_{\substack{\text{合格して市場へ}\\\text{出たロットが作}\\\text{り出す不良率}}} + \underbrace{0 \times 0.09}_{\substack{\text{不合格で不良品}\\\text{が良品に交換さ}\\\text{れてから市場へ}\\\text{出たロットが作}\\\text{り出す不良率}}} = 0.0091$$

であることは明らかです．すなわち，不良率1%のロットがつぎつぎとこの検査方式の洗礼を受けてから市場に流されると，市場での不良率は0.91%に薄められてしまうわけです．

この計算をよく見ていただけば，第2項は常にゼロになりますから第1項だけに注目すればよく，市場に流された商品の不良率は

$p \cdot P$

ここで，pはロットの不良率

Pは不良率pのロットが合格する確率

で計算されることがわかります．

そこで，「50個の標本中，不良品が1個以下なら合格」の例につ

いて，p をいろいろに変化させながら $p \cdot P$ を計算してグラフに描いてみると，図5.6のような山形の曲線が現れます．それもそのはず，ロットの不良率 p が小さいと，ほとんどのロットが合格して市場へ流れてしまいますが，もともと不良率が小さいのですから市場での不良率もたかがしれています．そして，ロットの不良率 p が増加すると，その割にロットの合格する確率 P が減らないので市場での不良率 $p \cdot P$ が増大します．さらにロットの不良率 p が増加すれば，こんどはロットのほとんどが不合格になって不良品が良品に交換されてから市場へ出ますから，市場での不良率はゼロに近くなるという理屈です．

さて，図5.6をやや子細に観察してください．$p \cdot P$ の値は右側に目盛られていることに注意して，ロットの不良率が2％であれば約1.5％の不良率に薄められて市場へ出るし，ロットの不良率が5％であれば約1.4％に薄められて市場へ出る……という調子でグラフを読んでいただけばいいのですが，市場での不良率がもっとも大きくなるのはロットの不良率が3％のあたりで，そのときの市場での不良率は1.7％くらいです．いうなれば，このような検査方法を採用していれば生産されるロットの不良率がどのように変化しようと市場での不良率は

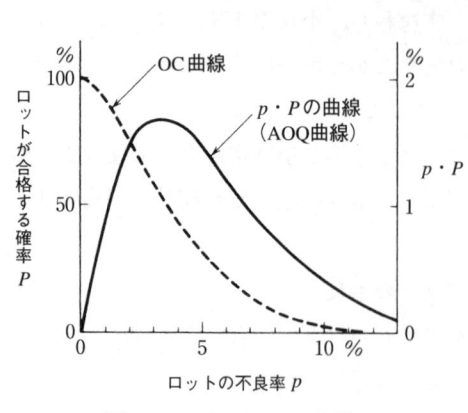

図5.6 これが AOQ 曲線だ

1.7% 以下には抑えられるということです．こうしてみると，$p \cdot P$ の曲線を調べてみるのも検査方法を決めるうえで重要なヒントを与えてくれるではありませんか．

$p \cdot P$ のこの曲線を**平均出検品質曲線**または **AOQ曲線**（Average Outgoing Quality Curve）と呼んでいます．つまり，横軸には検査に持ち込まれたときの不良率をとり，縦軸に検査と交換を経て市場へでるときの不良率をとって，その関係を示したものが AOQ 曲線であるといえるでしょう．そして AOQ 曲線が示す最大値を**平均出検品質限界**または **AOQL**（AOQ Limit）と名付けていることもご紹介しておきましょう．あまりスマートな用語ではありませんが，検査を終わって出ていくことを「出検」というので，その前後に必要な言葉を付けるとこんなごつい用語になってしまうのです．

2 回抜取検査に救いを求めて

せっかく多額の経費をかけて生産したロットが抜取検査で不合格になってしまった場面を想像してください．ほんとうは，ロットの不良率が決して高くないのに，抜き取られた標本の中に不運にも多くの不良品が含まれてしまったのではないかと嘆き，もういちど検査をしてみてくださいな，こんどはきっと合格するから……と泣きつきたい心境になるになるにちがいありません．確かにこの心境には同情できます．優良なロットでも不運にも不合格になることがあるのですから．

そこで，新しいルールを導入してみます．「50 個の標本中に不良品がゼロならもちろん合格，不良品が 2 個以上なら文句なく不合格，

不良品が 1 個の場合にはさらに 50 個の標本を検査し不良品が見つからなければ合格」とすれば，合格か不合格かのきわどい成績のときにはさらに詳しく調べようというのですから，生産者にとっても消費者にとっても納得のいくはからいというものです．こういう検査方式を **2 回抜取検査**といいます．これに対して前節までの検査方式を **1 回抜取検査**ということはいうに及びません．

では，「50 個中の不良品がゼロなら合格，不良品が 2 個以上なら不合格，不良品が 1 個ならばさらに 50 個を検査してその中の不良品がゼロなら合格」という 2 回抜取検査で不良率 p のロットが合格する確率はどうかと調べていきます．ごめんどうでも 138 ページをめくって式(5.2)を思い出していただきます．

$$P(r) = \frac{m^r}{r!} e^{-m} \qquad \text{(5.2)と同じ}$$

この式は，抜取個数が n であるとき

$$np = m$$

とおいて，不良品がちょうど r 個であるような確率 $P(r)$ を求める式でした．つまり，

不良品がゼロの確率　　$P(0) = \dfrac{m^0}{0!} e^{-m} = e^{-m}$

不良品が 1 個の確率　　$P(1) = \dfrac{m^1}{1!} e^{-m} = m e^{-m}$

ということになります．そうすると，私たちの 2 回抜取検査に合格する確率 P は

$$P= \quad e^{-m} \quad + \quad me^{-m} \quad \times \quad e^{-m} \tag{5.3}$$

　　　↑　　　　　　↑　　　　　　↑
　1回めの抜き取　　1回めの抜き取　　2回めの抜き取
　りが不良品ゼロ　　りが不良品1個　　りが不良品ゼロ
　である確率　　　　である確率　　　　である確率

で表わされることになります．

　一例として，$p=0.01$，つまり，1% であるとしてみましょうか．

$m=np=50\times 0.01=0.5$

$e^{-m}=e^{-0.5}\fallingdotseq 0.6065$　（表5.1から）

ですから，不良率1% のロットが私たちの2回抜取検査に合格する確率は

$P=0.6065+0.5\times 0.6065\times 0.6065\fallingdotseq 0.790$

となり，約79% であることがわかります．

　まったく同じ手順で，不良率 p をいろいろに変えたときの合格率を計算してグラフに描いてみると，OC曲線は図5.7のようになりました．比較のために，1回抜取検査で不良品ゼロのとき合格させる場合と，不良品1個以下のとき合格させる場合のOC曲線を図5.3から盗んで記入してあります．不良品がゼロのときだけ合格としたOC曲線に比べて，私たちの2回抜取検査では1回めの抜取標本に1個の不良品が含まれている場合でも，まだ救いの道が残されているだけに，ロットが合格する確率が全般に高くなっており，とくに，p が小さい優良ロットの場合にその傾向が顕著に現れています．たとえば，不良率が1% の場合，1回抜取で不良品ゼロのとき合格なら，合格率は139ページの数値計算からわかるように60.7% ですが，私たちの2回抜取検査によれば合格率が79% もあるように，です．

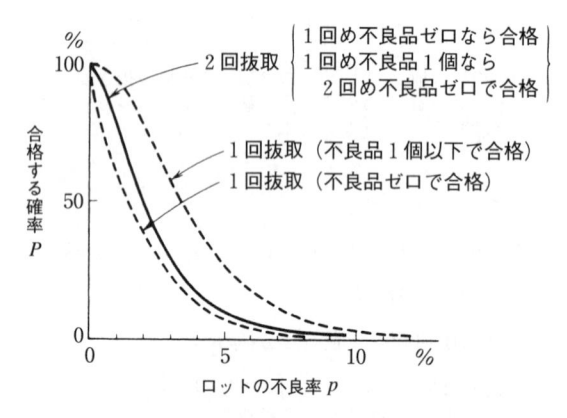

図 5.7　2 回抜取検査の効果はこうなる

なお，図 5.8 に AOQ 曲線も描いておきましたから参考にしてください．不良率 2% のものが市場へ出るときには 1% に薄められており，そのあたりが市場での不良率の最高値になっているのがわかります．

1 回抜取検査があり，2 回抜取検査があるなら，3 回抜取検査や 4 回抜取検査もあるにちがいありません．そのとおりです．そして，この考え方をもっと徹底するなら，1 回ずつを逐次的に検査する**逐次抜取検査**に到達します．

逐次抜取検査は，たとえば，つぎのようにやります．1 個の標本を検査してそれが不良品ならロットは不合格，それ

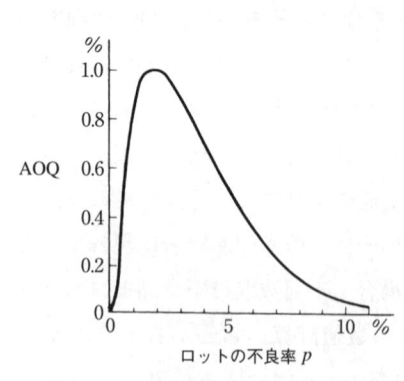

図 5.8　2 回抜取検査の AOQ 曲線も参考に

が良品なら2個めを検査しそれが不良品ならロットは不合格，良品なら3個めの検査に進み……中略……12個めまでがすべて良品ならロットを合格させ，12個めにはじめて不良品が現れたら13個めの検査に進み……というぐあいに予め定めた品質が確認できるまで，1個ずつ検査を行なうのです．

同じ危険率で検査をする場合について一般的にいうなら，1個の検査に要する費用が安ければ一度にまとめて検査ができる1回抜取検査が有利ですし，高ければ検査の個数を節約できる多数回抜取検査がお得です．けれども，多数回抜取検査では検査に長時間を要するのがふつうで，それに耐えられないこともありますから，検査に要する費用と時間とを勘案して最適の検査方式を決めてください．

ロットが小さいときには

この章では，検査の対象となるロットには非常に多くの製品が含まれているとみなして話を進めてきました．いいかえれば，大きなロットを対象にしてきたのです．そのために，式(5.1)や式(5.2)が使えたのですが，これらの式はもともと母集団が大きいときの近似式ですから，小さなロットを対象にしたときこれらの式を使うと誤差が大きくなりすぎます．そこで，ロットが小さいときの話にも，いくらか付き合っていただかなければなりません．

いま，ある特殊な製品を2個だけ欲しいのですが，検査によって製品の品質が保証されていなければ困るし，しかも，検査は破壊検査によらなければならないと思っていただきましょう．こういうことは，新しいプラントの建造や飛行機の試作などのときに現実問題

としてよく起るのです.

そこで，その製品を 10 個作り，そのうちの 8 個を検査して 8 個とも良品ならそのロットを合格と判定し，残り 2 個を納入してもらうように契約しました．10 個のうち 8 個も検査で破壊してしまうのは，もったいないけれど，背に腹は代えられないのです．こうして納入された 2 個がともに良品である確率はいくらでしょうか．

この珍問に挑戦するためには，いくらかの準備が必要ですから，がまんして付き合ってください．ここに N 個の製品があるとします．そのうちに不良品が k 個だけ含まれています．いま，N 個の中から n 個を取り出したとき，その n 個の中に不良品がちょうど r 個だけ含まれている確率は

$$P(r) = \frac{{}_k C_r \cdot {}_{N-k} C_{n-r}}{{}_N C_n} \tag{5.4}$$

で表わされます[*].

この式に具体的な数値を入れていきましょう．10 個のうち 8 個を取り出して調べるのですから

$$N = 10, \quad n = 8$$

です．

まず，このロットに不良品が 1 個もないとしましょう．つまり，$k = 0$ です．この場合は，もともと不良品がないのですから，8 個を検査しても不良品が見つかるわけがありません．すなわち

---

[*] この式で表わされる分布には，**超幾何分布**というごつい名前が付いています．ちょっと専門的になりますが，この分布の特性関数が超幾何関数で与えられるからです．この式は近似式ではありませんから，いつでも厳密な計算をすることができます．詳しくは『確率のはなし』(改訂版) 95〜99 ページをごらんください．

不良品がゼロの確率　$P(0)=1$

であるはずです．したがって，この場合，このロットは確実に合格します．

つぎに，このロットに不良品が1個だけ含まれているとします．このロットの不良率が0.1であるといってもいいでしょう．この場合

　　　$k=1$

ですから，抜き取られた8個の中に不良品がゼロである確率は

$$P(0)=\frac{{}_1C_0 \times {}_{10-1}C_{8-0}}{{}_{10}C_8}=\frac{{}_1C_0 \times {}_9C_8}{{}_{10}C_8}=\frac{1\times 9}{45}=0.2$$

となり，このロットが合格する確率は20%です．

つづいて，このロットの不良率が0.2で，10個の製品中に2個の不良品が含まれているとします．この場合，抜き取られた8個の中に不良品が含まれていない確率は

$$P(0)=\frac{{}_2C_0 \times {}_{10-2}C_{8-0}}{{}_{10}C_8}=\frac{1\times 1}{45}=0.022$$

となります．

さらに，ロットの中に3個の不良品が含まれている場合はどうでしょうか．この場合には抜き取られる8個の中に必ず不良品が1個以上は含まれてしまい，ロットは確実に不合格となります．なにせ，抜き取られないのはたった2個なのですから，無理もありません．ロットの中に4個以上の不良品があれば，なおさらです．

これらの結果を取りまとめると表5.3のようになります．この値をもとに，OC曲線を描くこともできますが，この場合は，pが0.1おきのとびとびの値でしかあり得ませんから，連続した曲線に

表 5.3 10個中8個を検査すると

不良率 p	合格する確率 P
0	1.000
0.1	0.200
0.2	0.022
0.3以上	0.000

ならず,グラフ用紙の上にとびとびの点が印されるだけで見栄えがしませんから省略します.

ここで,ものの見方をくるりと180°変えます.いま,10個の製品から8個を取り出して検査したところ,不良品が発見されなかったので,ロットは合格と判定され,残りの2個がめでたく納入されたと思っていただきます.この事実が確認されたとすれば,この事実は

「不良率がゼロであったので,文句なく合格した」

「不良率が0.1であったが,運よく合格した」

「不良率が0.2であったのに,悪運つよく合格した」

の3とおりの原因に,1:0.2:0.022の割合で由来していると考えるのが合理的です[*].つまり,「不良率がゼロであった」確率は

$$\frac{1}{1+0.2+0.022} ≒ 0.82 = 82\%$$

となります.ゆえに,10個の製品のうち8個を検査して不良品が発見されないなら,残りの2個がともに良品である確率は約82%です.82%程度の低い確率ではとても危なくて使えないというなら,20個を作って18個を検査するとか,50個を作って48個を検査で破壊するとかしていただかなければなりません.ずいぶんもったいない感じがしますが,そして,納入された製品は高いものにつ

---

[*] この考え方は,**ベイズの定理**として有名です.『確率のはなし』(改訂版)66〜69ページに詳しく説明してあります.

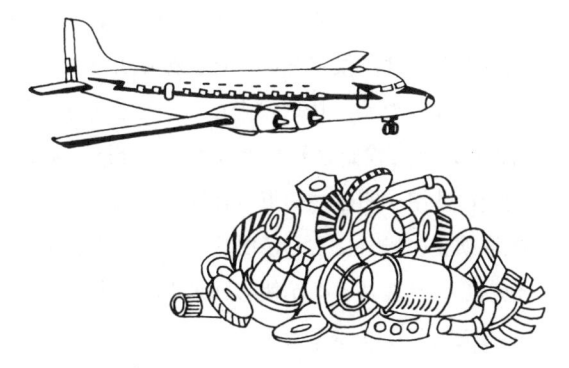

高い信頼性を得ようと思えば
高くつく

いてしまいますが，宇宙関連の機器などでは高い信頼性を必要とするために，こういうことが現実によく行なわれています．

いまの例では，検査で不良品が見つからない場合だけ合格としていたので，式(5.4)を使わなくても少し頭をひねって確率計算をすれば同じ答を得るのはさしてむずかしくありませんが，10個のうち7個を検査して不良品が2個以下なら合格……などとなれば，なまじ確率計算で頭の温度を上げるより，機械的に式(5.4)を計算するほうがずっと楽です．ロットが小さいときの抜取検査の理屈は，まぁ，こんなものです．

実は，抜取検査には**計数抜取検査**と**計量抜取検査**とがあります．文字どおり，計数は数をかぞえること，計量は量をはかることであり，この章でご紹介してきた抜取検査はすべて不良品の数だけを問題にしてきたので計数抜取検査です．これに対して，前の章で，市販されている牛肉パックを6個買い求め重さを量ってみたところ

……という設問で，牛肉パックの平均値が 100g を切っているとはいえないと結論したのは，検定という衣を着てはいましたが明らかに計量抜取検査です．ただ，抜取検査なら，たとえば，危険率 5% で平均値が 100g 以下と検定された場合には不合格とする，というように合否判定の基準が明確に約束されるだけのことです．したがって，計量抜取検査の場合にも OC 曲線とか 2 回抜取検査などいかにも抜取検査らしいテクニックが使われますが，本質的には推定や検定の応用と考えてじゅうぶんです．

　こういう理由で，この章では計数抜取検査だけに重点をおいて抜取検査の理論と手法をご紹介して参りました．

ひとやすみ

6. ばらつきをばらす法
── 分散分析のはなし ──

問 題 発 生 !

「春は処女,夏は母,秋は未亡人,冬は継母」という変な諺(ことわざ)がポーランドにあるそうですから,それにちなんで4人の女性に登場してもらいます.4人の名前は,春美,夏代,秋江,冬子といいます.春美が処女であるか,夏代が母であるかは,この際どっちでもかまいません.この4人に3種類の知能テストを受験してもらったところ,表6.1のような知能指数が得られました.

表6.1 3種の知能テストの結果

名　前 知能テスト	春美	夏代	秋江	冬子
Aタイプ	133	97	143	115
Bタイプ	126	106	120	109
Cタイプ	131	100	136	112

この結果から知りたいことは,つぎの2つです.

(1) 知能テストの種類によって知能指数の判定に差があるだろうか.

(2) 4人の知能指数に差があるといえるだろうか.

まず, (1)についてはどうかと表6.1を観察すると, 春美はAタイプの知能テストに対してもっとも成績がよく, 夏代はB, 秋江はA, 冬子もAですから, Aタイプがいちばん点を取りやすいように見えますが, 一部逆転もあるところが気にかかります.

反対に, もっとも点が低いほうを見ると, 春美はBタイプのテスト, 夏代はA, 秋江はB, 冬子もB, ですから, Bタイプがいちばん点を取りにくいように見えますが, ここにもAタイプとの間に逆転があるので, そうも断言できかねます. ひょっとすると, Aタイプが点を取りやすく, Bタイプが点を取りにくいというより, 受験者と知能テストのタイプの相性で得点の高低が左右されているだけかもしれません.

さらに, Cタイプはその中間に位置しているようにも思えますが, なにしろ, AタイプとBタイプの順位さえ疑問があるくらいですから, Cタイプの位置づけがすっきりするわけがないではありませんか.

つぎに, 4人の知能指数に差があるかどうかと改めて表6.1を観察します. 夏代はAタイプのテストでは4人中の最下位, Bタイプでも同じく最下位, Cタイプでも最下位ですから, どうやら夏代のドンケツは固いようです. 夏の暑さボケかな? また, 冬子はどのタイプのテストでも春美と秋江の2人に及びません. 冬子の3位も決定とみなしていいでしょう. むずかしいのは春美と秋江です. Aタイプは秋江の勝ち, Bタイプは春美の勝ち, Cタイプは秋江の勝

ばらつきを仕分ける作業を
分散分析という

ちですから，2勝1敗で秋江の勝ちと判定したいところですが，2勝1敗くらいで秋江の知能指数のほうが高いと断言できるのでしょうか．

　だいたい，ちと話がおかしいではありませんか．ほんとうに秋江のほうが知能指数が高いなら，どのタイプのテストでも秋江のほうが高い得点を示すはず……，いや，待てよ，3種類の知能テストにそれぞれの癖があるとすれば，秋江はあるタイプのテストには強く，別のタイプのテストには弱いという相性だけが決め手かもしれないな，けれども，知能テストの問題は，万人に公平な知能指数を測定するよう作成されていなければならず，特定の受験生と相性が良かったり悪かったりしてはいけないのだから，相性によって得点が変動したぶんは誤差と考えるのがほんとうではないかしら……．

　誤差といえば，各人が3種ものテストを受けている間には体調の変化などもあるはずだから，それによる得点の誤差があってもおか

しくはないし，だいいち，まぐれ当たりの得点だってあるにちがいないし，そうなると，夏代はただ運が悪かっただけで，ほんとうはドンケツではないのかもしれないし……．さあ，わからなくなってきました．いったい3種の知能テストの間には知能指数の判定に有意差があるのでしょうか．4人の知能指数には有意差が認められるのでしょうか．

これに答えるには，表6.1のようなデータに含まれる誤差の大きさを推定し，それを取り除いたとき3種のテストの間に有意差があるか，さらに，4人の間に有意差があるかを検定しなければなりません．このような解析のしかたを**分散分析**と名付けています．ばらつきの大きさを分析して答を出す手法だからです．

手品の種を仕かける

表6.1のデータを題材にして直ちに分散分析を開始してもいいのですが，そして，決められた手順どおりに計算すれば間違いなく答は出るのですが，いきなりこの手順を踏んで答を出すと，まるで手品でも見せられているようで，どうしてそうなるのか合点がいきにくいのが実情です．そこで，手品の種明かしのほうから思考の糸をたぐっていこうと思います．

こんどは，問題を単純にするために，春美，夏代，秋江，冬子の4人に同じタイプの知能テストを3回受けてもらいます．もし，この4人の知能程度にまったく差がなく，偶然による誤差も発生しないなら，すべてのテスト結果は同じ点数を示すはずです．この点数を何点としても今後の話の展開に支障はないのですが，女性の知能

表6.2 「列の効果」を考える

まったく差がなければこうなる

	春美	夏代	秋江	冬子
1 回 め	120	120	120	120
2 回 め	120	120		120
3 回 め	120		120	120

+

各人の知能に差があるなら

	春美	夏代	秋江	冬子
1 回 め	10	−15	12	−8
2 回 め	10	−15		−8
3 回 め	10		12	−8

} 計　0

=

こういう結果になるはず

	春美	夏代	秋江	冬子
1 回 め	130	105	132	112
2 回 め	130	105		112
3 回 め	130		132	112

程度に敬意を表して，この際，ふんぱつして120点均一としましょう．そして，間の悪いことに，夏代は3回めのテストを，秋江は2回めのテストをさぼってしまったとすると，4人の得点は表6.2のいちばん上の表のようになるにちがいありません．

ところが，現実には4人の知能程度にはかなりの差があるのです．平均からの知能のずれを春美は10，夏代は −15，秋江は12，冬子は −8 であるとしましょう．それが表6.2の中央の表に示されています．ここでは，これらの合計がちょうどゼロになるように作って

ありますが，それは，すでに決めた平均値 120 点を動かない基準にしておこうと配慮したからにすぎません．これらの量は，春美の列*にはいっせいに 10，夏代の列にはいっせいに -15 というぐあいに効果を発揮しますから**列の効果**と呼ぶにふさわしい量です．この列の効果が作用すると，知能テストの結果は表 6.2 のいちばん下の表のようになるはずです．

なお，この章の書き出しの表 6.1 では，知能テストを 3 種類の異なった方法で受けさせることにしてありましたから，列の効果のほかに行の効果も加わって，いちだんとむずかしくなっていました．ここでは，話をなるべく単純にするため，行の効果が作用しないようにしてあるところがミソです．このように，列か行のどちらか 1 つの効果しか作用していないとき「**因子**が 1 つである」といいます．個人別という要因しか結果に影響を及ぼさないからです．

さらに……．各人各回のテストごとに，まぐれ当たりの正解があったり，体調の好不調があったりするので，誤差が発生します．その量が表 6.3 の中央の表に示されたとおりであるとしてみましょう．これらの誤差は，ゼロを平均値として正規分布すると考えられますから**，合計がゼロになるように作ってあります．これらの誤差が加わると，4 人のテスト結果は表 6.3 の下段のようになるでしょう．

---

* 数学では，縦方向の並びを**列**，横方向の並びを**行**と呼びます．たとえば，『行列とベクトルのはなし』80 ページをどうぞ……．
** 製作や測定に付随して起こる誤差は，多くの場合，非常によく正規分布に従うことが知られています．なにしろ，正規分布関数を**誤差関数**と呼ぶことがあるくらいです．知能テストも一種の測定ですから，その誤差は正規分布すると考えてまちがいありません．

表 6.3 誤差によるばらつきを加える

各人の知能が誤差なく発揮されればこうなる

	春美	夏代	秋江	冬子
1 回め	130	105	132	112
2 回め	130	105		112
3 回め	130		132	112

＋

誤差があれば

	春美	夏代	秋江	冬子	
1 回め	6	2	4	1	
2 回め	−1	−1		−4	計 0
3 回め	−2		−5	0	

‖

こういう結果になるはず

	春美	夏代	秋江	冬子
1 回め	136	107	136	113
2 回め	129	104		108
3 回め	128		127	112

　私たちが手に入れることができるデータは，こうしてでき上がった結果だけです．途中で列の効果がどれだけ作用しているか，あるいは，おのおののデータに含まれている誤差がいくらであるかは仕かけ人である神様にしかわからず，私たちは，ただこの結果だけが与えられるにすぎません．そして，この結果から逆に誤差の大きさや列の効果を推測していこうというのが分散分析です．

列の効果と誤差とを分離する

では，手もとに与えられたデータをもとに，分散分析の作業を開始します．手もとに与えられたデータは表6.4の上段のとおりです．4人3回のテストで12のデータがあってもいいはずですが，夏代と秋江が1回ずつなまけたので10個のデータしかありません．この10個の平均値は120です．

まず，誰でもきっとそうやるように，各人の平均点数を計算してみます．つまり，各列ごとにデータを集計して「列の合計」を求め，それを各列ごとのデータの数で割り「列の平均」を算出するのです．ばかばかしいほど平凡な計算ですが，やってみると表6.4のように，

表6.4 こうして誤差を分離する

われわれが知るデータは，こういうもの

	春美	夏代	秋江	冬子	
1 回 め	136	107	136	113	
2 回 め	129	104		108	平均 120
3 回 め	128		127	112	
列の合計	393	211	263	333	
列の平均	131.0	105.5	131.5	111	
列の効果	11.0	−14.5	11.5	−9	

⇩

列の平均を引く

	春美	夏代	秋江	冬子	
1 回 め	5	1.5	4.5	2	
2 回 め	−2	−1.5		−3	計 0
3 回 め	−3		−4.5	1	

春美は 131.0, 夏代は 105.5, ……のように求まります.

さて, 全体の平均は 120 でしたから, 春美の列は平均より 11.0 も上回った値を示しています. これが春美の「列の効果」にちがいありません. また, 夏代の場合には列の平均が全体の平均よりも 14.5 も下回っていますから, 夏代の「列の効果」は -14.5 と推察されます. 同様にして秋江と冬子の列の効果を求めれば 11.5 と -9 とが得られます.

春美は 11.0 もの列の効果が平均の 120 に上積みされるほど知能が高いのですが, しかし, 実際の得点は 136, 129, 128 とばらついています. それは, 誤差があるからにちがいありません. 春美の平均点数は 131 ですから, 実際の得点と 131 の差が誤差なのでしょう. つまり, 1 回めのテストでの誤差は 136 から 131 を引いた 5, 2 回めの誤差は 129 から 131 を引いた -2, 3 回めの誤差は $128-131=-3$ であると考えるのが素直な精神です. 同じように, 夏代の場合には実際の得点から 105.5 を引けば誤差が求まりますし, 秋江や冬子の場合にも同様な考え方で誤差が求まります. こうしてできたのが表 6.4 の下段の数値です. たいした苦労もしないのに, 列の効果と各データに含まれる誤差が算出できたではありませんか.

ところで, こうして求めた列の効果や誤差を, 表 6.2 と表 6.3 とに仕かけた手品の種と比べてみてください. いくらか異なっているのが見られます. なぜそうなったかというと, 表 6.4 で誤差を分離したときには, 各列ごとに列の平均を中心にして誤差が分布すると考えましたから, 列ごとに誤差の合計がゼロになっているのに対して, 表 6.3 に仕かけられた誤差は 10 個のデータをたばにして合計がゼロになっており, 列ごとには必ずしも合計がゼロになっていな

表6.5 人智では知り得ないこともある

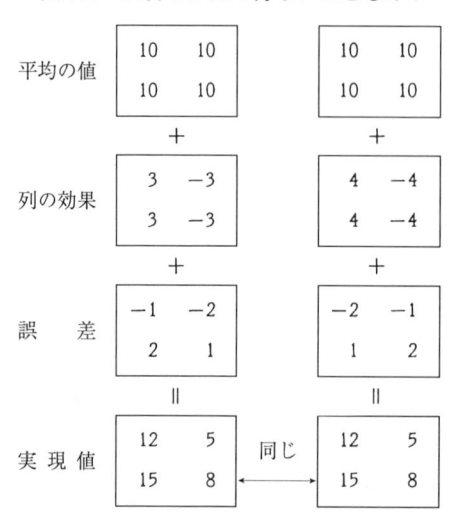

平均の値

10	10
10	10

10	10
10	10

＋

列の効果

3	−3
3	−3

4	−4
4	−4

＋

誤　差

−1	−2
2	1

−2	−1
1	2

＝

実現値

12	5
15	8

同じ ←→

12	5
15	8

いからです．また，仕かけられた誤差の列ごとの合計がゼロでないぶんだけ見かけ上の列の効果も変化してしまったという次第です．

ほんとうをいえば，入手したデータをもとに知恵を絞って仕かけられた種を完全に見破りたいのですが，けれども，種を仕かけたのは神様ですから，どうしても完全には見破れないことも少なくありません．いまのように，仕かけられた誤差の列ごとの合計がゼロでないときには，そのぶんが列の効果として仕かけられたのか，誤差に含ませて仕かけられたのかは，人智をもってしては区別できないからです．列の効果と誤差への数値の配分が異なっても同じ実現値が生成されることは，たとえば，表6.5の具体例に見るとおりです．ですから，表6.4の手順によって列の効果と誤差とを分離するのが人智でできる最大の努力です．したがって多少の狂いは，この際がまんしなければなりません．

さて，話を表6.4へ戻します．たびたびページを繰って表6.4を見ていただくのでは思考の進行を阻害しますから，紙面のむだ使いを許してもらって同じ表をもういちど載せておきます．その表の下段のように誤差が分離されましたから，誤差のばらつきの大きさ，

表6.4 こうして誤差を分離する(再掲)

われわれが知るデータは，こういうもの

	春美	夏代	秋江	冬子	
1 回 め	136	107	136	113	
2 回 め	129	104		108	平均 120
3 回 め	128		127	112	
列の合計	393	211	263	333	
列の平均	131.0	105.5	131.5	111	
列の効果	11.0	−14.5	11.5	−9	

⇩

列の平均を引く

	春美	夏代	秋江	冬子	
1 回 め	5	1.5	4.5	2	
2 回 め	−2	−1.5		−3	計 0
3 回 め	−3		−4.5	1	

つまり不偏分散を求めておきましょう．なぜ，不偏分散などを求める必要があるのかは，すぐにわかります．不偏分散Vは式(2.1)と式(3.6)を見ていただくまでもなく

$$V = \frac{n}{n-1} s^2 \tag{6.1}$$

で表わされ

$$s^2 = \frac{(x_1-\bar{x})^2 + (x_2-\bar{x})^2 + \cdots + (x_n-\bar{x})^2}{n}$$

$$= \frac{\Sigma(x_i-\bar{x})^2}{n}$$

ですから，要するに

$$V=\frac{\Sigma(x_i-\bar{x})^2}{n-1} \tag{6.2}$$

です．私たちの例では $\bar{x}$ がゼロで，n は 10 ですから

$$V=\frac{5^2+(-2)^2+(-3)^2+1.5^2+(-1.5)^2+4.5^2+(-4.5)^2+2^2+(-3)^2+1^2}{10-1}$$

となり，わけなく計算できるとうれしくなってきますが，そうはいかないのです．

式(6.1)や式(6.2)に現れる $n-1$ は自由度です．自由度は 40 ページに書いたように，標本から作り出して使用している平均値の数を標本の数から差し引いたものです．第 2 章～第 5 章の例では，使っている平均値の数が 1 の場合が盛んに登場したので，自由度は $n-1$ と思い込んでいたのですが，こんどは事情が異なります．表 6.3 から表 6.4 にかけて使った平均値は，全体の平均値(120)は 1 つと，各人ごとの平均値が 4 つですから，計 5 つです．なら，自由度は

$$10-5=5$$

かというと，そうでもないから油断がなりません．実は，これら 5 つの平均値のうち，4 つの平均値を決めれば他の 1 つは自動的に決まってしまいます．だから，自由度を奪い去っている平均値は 4 つであり，正しい自由度は

$$10-4=6$$

となります．このあたりが，自由度の意味をきちんと理解していなければいけない理由です．

さて，そうとわかれば不偏分散は直ちに計算できます．

$$V_1=\frac{5^2=(-2)^2+(-3)^2+\cdots 中略\cdots+(-3)^2+1^2}{6}\fallingdotseq 16.2$$

列の効果を検定する

こうして私たちは、せいいっぱいの努力のすえ、与えられた生データをもとに列の効果と誤差の不偏分散を計算することに成功したのですが、ここで素朴な疑問に突き当たります。私たちは、生データのばらつきのうち、なるべく多くの部分を列の効果として分離し、分離しきれない部分を誤差とみなしてきたのですが、ほんとうにそれでいいのでしょうか。ひょっとすると、もともと列の効果などはまったくなく、生データのばらつきがすべて誤差なのかもしれないではありませんか。ありもしないものを、あるように思い込んでしまっているようでは、科学的思考の原則に背きます。ですから、果たして列の効果が存在するのかどうかをチェックする必要がありそうです。

では、列の効果などはじめからなかったのだと仮定してみましょう。お気づきのように、こういう仮説をたてて、それを検定してみようというのです。列の効果がはじめからないのがほんとうなら、生データは同じ母集団から取り出された 10 個のデータを勝手に 4 つの列に分けて並べたのにすぎず、一見すると列ごとに効果がありそうに見えるけれども、それは偶然のいたずらによるばらつきにすぎないはずです。

そこで問題は、この列ごとのばらつきが偶然によってたやすく発生する程度の大きさかどうかに絞られてきます。すでに求めた列の効果は表 6.6 のとおりですから、要は、このばらつきが偶然とは思えないくらい大きいかどうかです。それを判定するために、列の効果の不偏分散を求めます。4 種類の列の効果があり、これを算出す

表 6.6 列の効果は，こう見える

	春美	夏代	秋江	冬子
列の効果	11.0	−14.5	11.5	−9
データの数	3	2	2	3

るために全体の平均を使っていますから自由度は 4−1 であることを念頭におき*，列によってデータの数が異なりますからその重みづけを忘れないように不偏分散を計算すると

$$V_2 = \frac{11.0^2 \times 3 + (-14.5)^2 \times 2 + (11.5)^2 \times 2 + (-9)^2 \times 3}{4-1}$$

$$\fallingdotseq 430$$

となります．

列の効果の不偏分散は 430 と出たのですが，はて，この値は大きいのでしょうか，小さいのでしょうか．いったい，何を基準に大きいか小さいかを判定したらいいでしょうか．

これに対しては満足のできる答が準備されています．列の効果の不偏分散が大きいか小さいかは，誤差の不偏分散と比較してみればいいのです．なぜかというと，列の効果は個人差を意味していますから，個人差によるばらつきの大きさが，テスト中に起こるまぐれ当たりなどの誤差に比べて明らかに大きいなら個人差があると判定できるでしょうし，反対に，個人差によるばらつきがテストの誤差

---

* 列ごとの平均も使われていますが，列ごとの平均を求めたあとでは，たとえば春美の列は「131, 131, 131」，夏代の列は「105.5, 105.5, ──」というように数が並びます．これからあとのことを考えていただくと全体の平均値 120 を引くだけですから，「列の効果」については自由度が 1 つしか減らないことがわかります．

と同程度なら個人差は偶然の誤差によるばらつきの中に埋もれてしまいますから個人差はないと考えても現実問題として支障はないでしょう.

さて,個人差によるばらつき,すなわち,列の効果の不偏分散を誤差の不偏分散と比較するには,もってこいの分布をすでに私たちは知っています.その名は,F分布……. 125ページあたりで,2個の時計の進み遅れのばらつきに差がないという仮説をたてて,その仮説を検定したのでしたが,そのとき,2つの不偏分散の比

$$F=\frac{V_2}{V_1} \qquad (4.4)と同じ$$

がF分布に従うことを利用したのでした.こんども,列の効果などはじめからなくテストの誤差が現れたにすぎないと仮定しているのですから,まったく同じようにF分布が利用できます.

さっそく,F分布を利用して列の効果が誤差よりもずっと大きいかどうかを調べてみましょう.すでに求めたように

　　　誤差の不偏分散　　　$V_1=16.2$

　　　列の効果の不偏分散　$V_2=430$

でしたから,Fの値は

$$F=\frac{V_2}{V_1}=\frac{430}{16.2}≒26.5$$

と出ました.さあ,巻末のF分布表(299ページ)を見てください.分子の自由度が3,分母の自由度が6で,右すそ面積が0.05になるようなFの値は

$$F_6^3(0.05)=4.76$$

です.私たちが計算したFの値は4.76よりはるかに大きな値です.

したがって，列の効果がなく誤差によってばらついているにすぎないという仮説は余裕を持って捨て去ることができます．そして，春美，夏代，秋江，冬子の4人の間には知能指数にはっきりとした差が認められ，4人の平均値に比べて春美はプラス11.0，夏代はマイナス14.5，秋江はプラス11.5，冬子はマイナス9の知能指数であると判定されることになります．

もし，夏代さんという実名の方がおられたら，お許しください．物語にリアリティを持たせようとして現存しそうな名前を借用すると，ときとして同名の方からお叱りを受けることがありますので……．

因子が2つの場合

先へ進みます．いや，正確にいうともとへ戻るのです．この章の出だしのところで提起した問題を解こうというのですから……．

表6.1　3種の知能テストの結果（再掲）

名　前＼知能テスト	春美	夏代	秋江	冬子
Aタイプ	133	97	143	115
Bタイプ	126	106	120	109
Cタイプ	131	100	136	112

春美，夏代，秋江，冬子の4人に，原理の異なった3種類の知能テストを受けてもらったところ，表6.1のような知能指数が記録されたのですが，さて

(1) 知能テストの種類によって，知能指数の判定に有意差が

あるでしょうか.

(2) 4人の知能指数に有意差があるでしょうか.

という問題です.こんどは,因子が2つあります.個人別という要因とテストの種類別という要因の両方が重複して結果に影響を及ぼしているのです.

因子が2つもあるために,行と列とについてそれぞれ効果を求め,誤差を分離していかなければなりませんから手続きはいくらか複雑ですが,考え方は因子が1つの場合と大差ありません.

表6.7を見てください.列の効果は,さっきとまったく同じ手順で求められます.すなわち,春美の列でいえば,春美の3種類のテストに対する得点133, 126, 131を加えたものが列の合計で390,それを3で割ると列の平均になり130,これから全体の平均119を引いたものが列の効果で11,というぐあいです.

行の場合も同様で,たとえばAタイプのテストの場合,4人の得点133, 97, 143, 115を加えたものが行の合計となり488,これを4で割ると行の平均が求まり122,これから全体平均119を差し引くと行の効果となり3……というわけですから,少しもむずかしく

表6.7 こうして行と列の効果を分離する

	春美	夏代	秋江	冬子	行の合計	行の平均	行の効果
Aタイプ	133	97	143	115	488	122	3
Bタイプ	126	106	120	109	461	115.25	-3.75
Cタイプ	131	100	136	112	479	119.75	0.75
列の合計	390	303	399	336	総　計　1428		
列の平均	130	101	133	112	全体平均　119		
列の効果	11	-18	14	-7			

ありません．こうして，行の効果と列の効果はいとも簡単に算出されます．

つぎに，誤差を分離したいのですが，こんどはいくらか脳細胞に働いてもらわなければなりません．たとえば，春美がAタイプのテストでとった点数は133ですが，この値は全体平均よりは14，行平均よりは11，列平均よりは3だけ多いのですが，いったい，どの値を誤差と考えるのが正しいのでしょうか．

手品の種明かしのほうから思考の糸をたぐってみてください．因子が1つの場合には，表6.2と表6.3で確かめていただければわかるように，まず全体の平均値があり，それに列の効果が加算され，さらに誤差が上積みされて現実のデータになるのでした．こんどは，因子が2つで行の効果も加わっていますから

　　　全体平均＋行の効果＋列の効果＋誤差＝データの値

であるにちがいありません．したがって

　　　誤差＝データの値－全体平均－行の効果－列の効果

です．一例として，春美がAタイプのテストで得た得点のデータのところでは

　　　誤差＝133－119－3－11＝0

であるはずです．こうして12個のデータについて誤差を計算してみると，表6.8ができ上がります．この表を子細に観察していただきたいのですが，どの行も，また，どの列も誤差の合計はゼロになっています．因子が1つの場合にもそうであったように，私たちは，行ごとに，また，列ごとに，行や列の平均を中心にして誤差が分布すると考えるのですから，この表に示された誤差の値は理に適っています．

表6.8 こうして誤差を分離する

	春美	夏代	秋江	冬子
Aタイプ	0	-7	7	0
Bタイプ	-0.25	8.75	-9.25	0.75
Cタイプ	0.25	-1.75	2.25	-0.75

こうして，列の効果と行の効果と誤差とを分離することに成功しましたので，つぎに，列の効果や行の効果が誤差に比較してじゅうぶんに大きく，確かに列や行に効果があるといえるかどうかを検定していきましょう．

まず，誤差の不偏分散を求めます．それには表6.8の12個のデータを2乗して合計し，自由度で割ればいいのですが，はて，自由度はいくらでしょうか．この誤差が算出するまでに使われた平均値は，全体平均が1つ，列平均が4つ，行平均が3つですから

$$12-(1+4+3)=4$$

かと思うと，そうではありません．8つの平均値がそれぞれ独立に存在し得るわけではなく，

全体平均×4＝列平均の合計

全体平均×3＝行平均の合計

でなければつじつまが合いませんから，自由度を減らす平均値の個数は2つだけ少ないはずであり，したがって，正しい自由度は

$$12-(1+4+3-2)=6$$

となります．自由度には，まいど泣かされてしまい，ゆううつです．で，こういうとき

自由度＝（行の数－1）（列の数－1）

と覚えておいていただきましょうか．

さて，自由度が6とわかれば，機械的な計算だけで，誤差の不偏分散 V_1 が求まります.

$$V_1 = \frac{1}{6}\{0^2 + (-0.25)^2 + 0.25^2 + (-7)^2 + \cdots\cdots + (-0.75)^2\}$$

$$= \frac{269.5}{6} \fallingdotseq 44.92$$

が得られます.

つぎに，行の効果などはじめからないのだとの仮説のもとに，行の効果の不偏分散を求めてみると

$$V_2 = \frac{3^2 \times 4 + (-3.75)^2 \times 4 + 0.75^2 \times 4}{3-1} = 47.25$$

となります. そうすると，この場合の F の値は

$$F = \frac{V_2}{V_1} = \frac{47.25}{44.92} \fallingdotseq 1.05$$

なのですが，数表から右すその面積が5%になるような F の値を探してみると

$$F_6^2(0.05) = 5.14$$

ですから，ぜんぜん仮説を捨てることなどできません. すなわち，知能テストの種類によって知能指数の判定に有意差は認められないという判定が下ります. したがって，データからは春美はAタイプのテストに強い代わりにBタイプには弱く，夏代は反対にAタイプには弱くBタイプには強いように見えるけれども，それも偶然の誤差によってそうなっただけであり，必然性は認められないという結論です.

つづいて，列の効果のほうはどうでしょうか. 列の効果の不偏分

散 V_3 は

$$V_3 = \frac{11^2 \times 3 + (-18)^2 \times 3 + 14^2 \times 3 + (-7)^2 \times 3}{4-1} = 690$$

と出ますから，この場合の F の値は

$$F = \frac{V_3}{V_1} = \frac{690}{44.92} \fallingdotseq 15.36$$

です．ところが

$F_6^3(0.05) = 4.76$

ですから，明らかに私たちの 15.36 のほうが大きく，列の効果に有意差があることは明瞭です．やはり，秋江の知能指数は高く，夏代のそれは低いのです．もういちど，実名の夏代さんにお詫びいたします．

因子が 3 つの場合

こんどは，因子を 3 つにふやします．因子が 2 つなら 2 つの因子に行と列をあてがえばよかったのですが，因子が 3 つになると行と列のほかに層も考えなくてはなりません．つまり，3 次元空間で思考しなければならないことになります．幸い，私たちは 3 次元空間に生きているのですから，この思考には，なんとかついていけるでしょう．因子が 3 つでいちばん簡単なのは行も列も層も 2 つずつの場合ですから，その場合について分散分析をやってみようと思います．

思考過程をはっきりさせるために，まず手品の種作りのほうからはじめましょう．図 6.1 をごらんください．いちばん上に行が 2 つ，

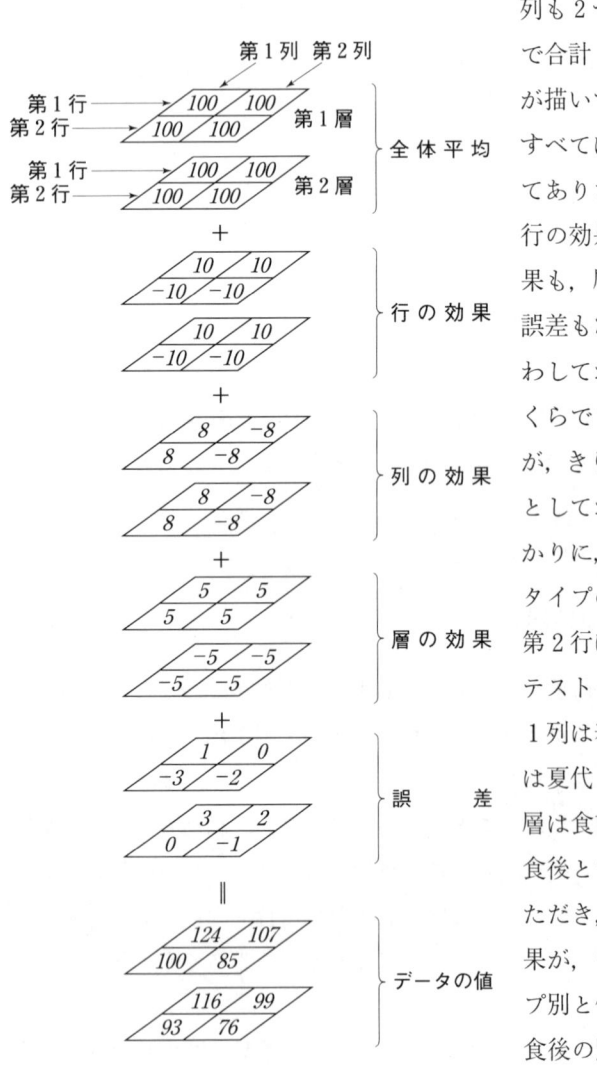

図6.1 3因子の場合の種作り

（全体平均：すべて100／行の効果：10, 10, -10, -10／列の効果：8, -8, 8, -8／層の効果：第1層 5, 第2層 -5／誤差：1, 0, -3, -2, 3, 2, 0, -1／データの値：124, 107, 100, 85, 116, 99, 93, 76）

列も2つ, 層も2つで合計8つのます目が描いてあり, そのすべてに100と書いてあります. これが行の効果も, 列の効果も, 層の効果も, 誤差もない場合を表わしており, 値はいくらでもよいのですが, きりのいい'100'としておきました.

かりに, 第1行はAタイプの知能テスト, 第2行はBタイプのテストとみなし, 第1列は春美, 第2列は夏代と考え, 第1層は食前, 第2層は食後とでも思っていただき, テストの結果が, テストのタイプ別と個人別と食前食後の別の3つの因子に影響されている

……とでも想定しておきましょうか.

これに行の効果を加えます. 行の効果としては, 第1行に10を, 第2行に -10 を与えてみました. 行の効果が第1層にも第2層にも等しく与えられることは, もちろんです. つぎに列の効果を加えます. 第1列には8, 第2列には -8 の効果を与えて, 行の場合にもそうでしたが, 全体平均がおかしくならないようにしてあります. さらに, 第1層には5の効果を, 第2層には -5 の効果を加えていきます. そして最後に, 誤差を加えます. 誤差は図に記入したような値としましたが, これらを合計するとゼロになるよう配慮してあることはいうに及びません.

こうして, 100均一の平均値に, 行の効果と, 列の効果と層の効果と, 誤差とを加え合わせると, いちばん下の8つのます目に書かれたような値ができ上がります. 私たちが入手できるデータは, こうしてでき上がったものです. もちろん, 生成の過程は知る術もありませんが…….

さて, こうして与えられたデータから, 行と列と層の効果および誤差を推理してやろうと思います. つまり, 生成の過程を推理してみようというのです. 推理のアプローチは, 因子が2つの場合と同じです.

まず, 第1行にある4つの値 124, 107, 116, 99 を合計して4で割れば行の平均 111.5 が求まりますから, これから全体平均 100 を引けば行の効果が 11.5 であることがわかります. まったく同じ手口で第2行の効果を計算すると -11.5 になるはずです. 同様に列の効果と層の効果を計算すると表 6.9 のように求まります. この結果と, 手品の種とを比較してみると表 6.10 のとおりですから,

表 6.9 行，列，層の効果を分離する

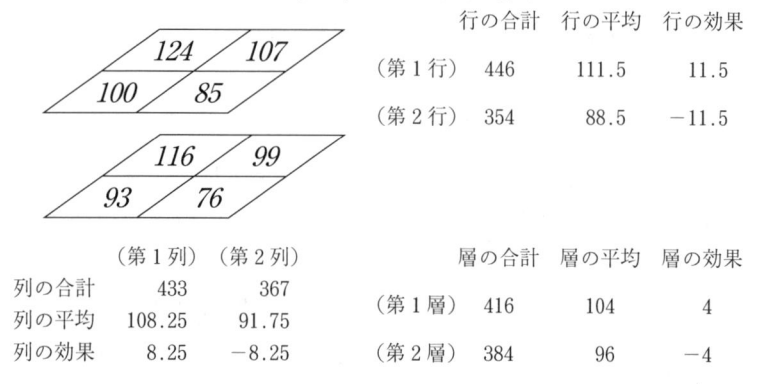

	行の合計	行の平均	行の効果
（第 1 行）	446	111.5	11.5
（第 2 行）	354	88.5	−11.5

上段: 124, 107, 100, 85
下段: 116, 99, 93, 76

	（第 1 列）	（第 2 列）
列の合計	433	367
列の平均	108.25	91.75
列の効果	8.25	−8.25

	層の合計	層の平均	層の効果
（第 1 層）	416	104	4
（第 2 層）	384	96	−4

表 6.10 手品の種をここまで見破った

	手品の種	推測結果
行の効果	±10	±11.5
列の効果	± 8	± 8.25
層の効果	± 5	± 4

表 6.11 こうして誤差を分離する

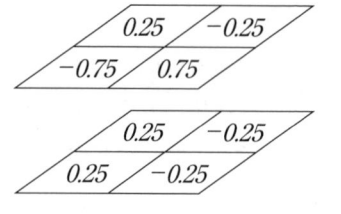

上段: 0.25, −0.25, −0.75, 0.75
下段: 0.25, −0.25, 0.25, −0.25

かなりいいセンにいっているのがわかります．

つぎに，誤差を求めましょう．手品の種を見ていただければわかるように

　　全体平均＋行の効果＋列の効果＋層の効果＋誤差＝データの値

ですから

　　誤差＝データの値−全体平均−行の効果−列の効果−層の効果

となるはずです．ごめんどうでも，表 6.9 の 8 つのデータから全体平均を引き，行と列と層の効果も差し引いていただくと，表 6.11 のように誤差が算出されます．こうして，誤差も分離することに成功しました．

では，行や列や層の効果に有意差があるかどうかを検定してみましょう．まず，誤差の不偏分散 V_1 は

$$V_1 = \frac{0.25^2 + (-0.25)^2 + \cdots\cdots + (-0.25)^2}{4} = 0.375 *$$

です．

つぎに，行の効果を不偏分散 V_2 を求めると

$$V_2 = \frac{11.5^2 \times 4 + (-11.5)^2 \times 4}{2-1} = 1058$$

です．そうすると，このときの F の値は

$$F = \frac{V_2}{V_1} = \frac{1058}{0.375} \fallingdotseq 2821$$

であるのに

$$F_1^1(0.05) = 161$$

ですから，ゆうゆうと行の効果は'あり'と判定されます．

つづいて，列の効果のほうはというと，

$$V_3 = \frac{8.25^2 \times 4 + (-8.25)^2 \times 4}{2-1} \fallingdotseq 544$$

となり，したがって

$$F = \frac{V_3}{V_1} = \frac{544}{0.375} \fallingdotseq 1452$$

であり，$F_1^1(0.05) = 161$ よりはるかに大きいので判定としては列の

---

* 分母の4は誤差の自由度です．8つの誤差を求めるのに使われた平均値は，全体平均が1つ，行と列と層の平均が2つずつの計7つですが，行平均，列平均，層平均の各合計が全体平均の2倍と同じという3つの拘束条件があるので，自由度を減らす平均値は4つです．で，自由度は $8-4=4$．

効果も'あり'です．

最後に層の効果はどうでしょうか．不偏分散 V_4 は

$$V_4 = \frac{4^2 \times 4 + (-4)^2 \times 4}{2-1} = 128$$

であり

$$F = \frac{V_4}{V_1} = \frac{128}{0.375} \fallingdotseq 341$$

となり，これは明らかに 161 より大きいので，層の効果もあると判定が下ります．

すなわち，私たちのデータによれば，テストのタイプによる有意差も，個人による差も，食前と食後による差も認められるという結論になりました．

すごいテクニックをお見せしよう

因子が 3 つあっても，立体的な思考ができる私たちにとってはなんとか行や列や層の効果と誤差とに分離し，行や列や層の効果に有意差があるかどうかを検定することができました．けれども，いまは，行も列も層も 2 つずつしかなかったのです．かりに，行も列も層も 4 つずつあると考えてみてください．テストのタイプが 4 種類あり，それを 4 人が受験し，受験する時刻が朝食前，午前 10 時，午後 3 時，夜の 9 時と 4 種類あって，計 64 個のデータがあるとするのです．理くつのうえでは前節と同じことですが，しかしまちがわずに計算できる自信がだれにあるでしょうか．

フォア・ゲームというゲームをご存知でしょうか．4 行 4 列に計

6. ばらつきをばらす法

16本の棒が立っていて、中央にあながあいた碁石をその棒に差し込んでいくのですが、1本の棒には4個までしか碁石が入りませんから合計64個の碁石が使えることになります。白と黒の碁石を交互に打っていき、自分の碁石を縦でも横でも斜めでもいいから直線的に4個並べたほうが勝ちです。したがって、日本では、立体4目並べと呼ばれてもいるようです。

このゲームは、白石と黒石しかないのですが、4×4×4の立体空間で勝負を争うので、読みがむずかしく、しょっちゅう、ミスをしますし、ミスをしないように気を配ると神経がいらだってきます。白石と黒石しかなくてもこの調子ですから、数字のデータが4×4×4の立体に配置され、それを縦、横、上下の方向に加えたり引いたりさせられたのではたまったものではありません。

さらに観点を変えていえば、4種のテストを、4人に4つの時刻に受けさせる実験をするなら、計64個の実験が必要であることは当然のようにも思えます。しかし64個の実験は、そのデータを整理して行や列や層の効果を計算するのもたいへんですが、それより前に、実験すること自体がたいへんです。なんとか、よい智恵はないものでしょうか。それが、あるのです。アッと驚く智恵があるから、うれしくなってしまうのです。それを楽しみに読み進んでいただきましょう。

例によって、種明かしのほうからはじめます。4行で4列の場合を、行の因子が4レベルで列の因子も4レベルであるというのですが、これに層の因子が4レベルで作用する場合の種を仕込んでいこうというのです。表6.12を見てください。いちばん上には4行4列に100均一の数字が並んでいます。これに、表に記載したような

表 6.12 手品の種を教えます

	−14 ↓	15 ↓	−8 ↓	7 ↓	
−7 →	100	100	100	100	行と列の効果を加える
0 →	100	100	100	100	
10 →	100	100	100	100	
−3 →	100	100	100	100	

+

A = 4	A	B	C	D
B = 11	B	C	D	A
C = −5	C	D	A	B
D = −10	D	A	B	C

層の効果を加える
（ここが，ポイント）

+

0	0	1	0
−1	2	3	−4
−1	0	0	1
4	−3	−2	0

誤差を加える

‖

83	119	81	90
96	112	85	107
90	115	106	129
77	113	98	99

データができる

行の効果と列の効果を加えます．その答は，わかりきっているので省略しましたが，たとえばいちばん左上隅のところは 100 に −7 の

行の効果と −14 の列の効果が加わるので 79 になるはずです.

つぎに,層の効果を加えます.層には 4 レベルあり,

  Aレベルの効果は 4

  Bレベルの効果は 11

  Cレベルの効果は −5

  Dレベルの効果は −10

としましょう.この効果を加えるときに,すばらしい智恵を働かすのです.前節のやり方を踏襲するなら,行と列の効果を加えてできた 4×4＝16 の同じデータ・シートが 4 層あり,いちばん上の層には 4 を,2 番めの層には 11 を,3 番めの層には −5 を,4 番めの層には −10 を加えて,合計 64 個のデータが作られるはずですが,ここでは,1 層のデータ・シートの上に 4 層ぶんの効果を加えてしまいます.ただし,加え方にコツがあります.表 6.12 の上から 2 番めのように A,B,C,D の効果を配置して,この値を行と列の効果を含んだデータに加算するのです.たとえば,いちばん左上隅のところは行と列の効果によって 79 になっていますから,それに 4 が加算されて 83 となるわけです.層の効果のこのような加え方がすばらしい智恵なのですが,なぜすばらしいかについては,もうしばらくお待ちください.

行と列の効果を加えたうえに,さらに層の効果をこのように加えても,いぜんとしてデータの数は 4×4＝16 であり,64 にはなりません.

こうしてできた 16 個のデータに,表 6.12 の上から 3 番めに書いてあるような誤差が加わると,その結果としていちばん下のようなデータができ上がります.このデータはたった 16 個なのに,64 個

ぶんの情報が詰め込まれた濃縮データです.

さて問題は, このようにしてでき上がった16個のデータから行と列と層の効果や誤差が推定できるかということです. それが, できるのです.

まず, 行の効果と列の効果は, いままでどおりの手順で求められます. というのも, どの行にもどの列にもA, B, C, Dの効果が1つずつ含まれているので, 平均を計算する過程でそれらによる影響が相殺されてしまうからです. そのように, A, B, C, Dの配置を仕組んでおいたのです. ここが, 頭のいいところです. そうとわかれば, 行と列の効果は表6.13のように, わけもなく計算できます.

つぎに, 層の効果を求めます. いや, もう層はなくなってしまいましたから, これからは第3因子の効果と呼ぶことにしましょう. 第3因子の効果を求めるのも, たいしてむずかしくはありません. たとえば, Aが配置されていた4カ所にあるデータの値を平均し, それから全体平均を引けばAの効果が求まります. Aが配置されていた4カ所のデータには, どの行の効果も, どの列の効果も1つず

表6.13 2因子のときと同様に, 行と列の効果が求まる

				行の平均	行の効果
83	119	81	90	93.25	−6.75
96	112	85	107	100.00	0.00
90	115	106	129	110.00	10.00
77	113	98	99	96.75	−3.25

列の平均　86.50　114.75　92.50　106.25

列の効果　−13.50　14.75　−7.50　6.25

(全体平均 100)

つ含まれていますから，それらを平均すると行の効果も列の効果も相殺されてしまい，Aの効果だけが浮き彫りになるからです．なんと，すばらしいではありませんか．さっそくやってみると表6.14のように，第3因子の効果も見事に求まりました．

表6.14　第3因子の効果も，こうしてわかる

第3因子の和	第3因子の平均	第3因子の効果
Aの位置の和＝83＋113＋106＋107＝409	102.25	2.25
Bの位置の和＝96＋119＋ 98＋129＝442	110.50	10.50
Cの位置の和＝90＋112＋ 81＋ 99＝382	95.50	−4.50
Dの位置の和＝77＋115＋ 85＋ 90＝367	91.75	−8.25

　最後に，誤差を算出します．種明かしの表6.12を見ていただければわかるように

　　　データの値＝全体平均＋行の効果＋列の効果＋層の効果＋誤差

ですから，層の効果を第3因子の効果と改名したことを思い出して式を整理すれば

　　　誤差＝データの値−全体平均−行の効果−列の効果
　　　　　　−第3因子の効果

ですから，これを忠実に計算すればよいだけです．たとえば，左上隅のところでは

　　　誤差＝83−100−(−6.75)−(−13.50)−2.25＝1

という調子です．同じ調子でほかのところも計算すると表6.15のとおりの結果が得られます．こうして，3つの因子の効果と誤差とがすべて求まりました．

　では，行と列と第3因子の効果が本物かどうかを検定してみましょう．まず，誤差の不偏分散を計算しなければなりませんが，はて，

表 6.15 こうして誤差もわかる

1.00	0.50	−0.25	−1.25
−1.00	1.75	0.75	−1.50
−2.00	−1.50	1.25	2.25
2.00	−0.75	−1.75	0.50

自由度はいくらでしょうか. こんどは 64 個ぶんのデータを 16 個に濃縮してしまったので, いくらか勝手がちがいます. いままでの計算の中で, 平均値をいくつ使っているかというと, 行と列と第 3 因子の平均値が 4 個ずつで計 12 個, そのほかに全体平均を 1 つ使っているので 13 個と思いがちですが

　　行の平均の和＝全体平均×4

　　列の平均の和＝全体平均×4

　　第 3 因子の平均の和＝全体平均×4

でなければなりませんから, 平均値を使ったことによって失われる自由度は 10 個だけです. したがって, 自由度は

　　16−10＝6

が正解です*. そうすると, 誤差の不偏分散 V_1 は

$$V_1 = \frac{1}{6}\{1.00^2 + 0.50^2 + (-0.25)^2 + \cdots\cdots + 0.50^2\}$$

$$= \frac{1}{6} \times 30.5 \fallingdotseq 5.08$$

です.

これに対して, 行の効果がもともとないのだと仮定したとき, 行

---

* 一般に, レベルの数を r とすると, データの数は r^2, 使った平均値は $3r+1$, そのうち独立でないのが 3 つありますから

　　$r^2 - (3r + 1 - 3) = r^2 - 3r + 2 = (r-1)(r-2)$

が自由度となります.

の効果の不偏分散V_2は

$$V_2 = \frac{(-6.75)^2 \times 4 + 0^2 \times 4 + 10^2 \times 4 + (-3.25)^2 \times 4}{4-1}$$

$$= \frac{624.5}{3} \fallingdotseq 208$$

ですから,この場合のFの値は

$$F = \frac{V_2}{V_1} = \frac{208}{5.08} \fallingdotseq 40.9$$

となります.ところが

$$F_6^3(0.05) = 4.76$$

にすぎませんから,行の効果は明らかにある,と判定することになります.

列や第3因子の効果については,各人で検定してみていただけませんか.同じ手順の繰り返しに,少々あきてきた方もおられることでしょうから…….

実験計画法入門

前節では,われながらうまいことをやったものだと思います.64個ぶんの情報を,16個のデータの中に濃縮することに成功し,さらにその情報をまちがいなく取り出せることも立証したのですから…….

それにしても,64個もやらなければならない実験を16回ですますことができるのは,もうけものです.それも表6.12の上から2番めに書かれたA,B,C,Dの配置のおかげです.このような配

1回の実験からたくさんの
情報を取り出す法
それが"実験計画法だ"

列を**ラテン格子**，または**ラテン方格**と呼んでいます．方格は中国語で四角な格子ということですから，どちらでも同じ意味です．

　ラテン方格は，どの行にもどの列にも第3因子が1つずつ公平に含まれているところが特徴で，この特徴さえ具備していれば，どのような配列でもかまいません．図6.2に示した4×4のラテン方格は，前節で使ったものとは配列が異なりますが，いずれも，どの行にもどの列にも公平に第3因子が含まれていますから，どちらを使っても差し支えはありません．

　このようなラテン方格を利用して，少ない回数の実験で多くの因

|A B|
|B A|

|A C B|
|B A C|
|C B A|

|A D C B|
|B A D C|
|C B A D|
|D C B A|

図6.2　ラテン方格の見本

子の効果を確認しようという手法は，**実験計画法***といわれる一連の手法の中でも重要な地位を占めています．実験計画法ではラテン方格を利用した手口のさまざまな変種が研究されていますから，企業や学校の方々でなんらかの実験に従事される方は，ぜひ勉強していただきたいと思います．現実の仕事にすぐ役立つこと請合いですから……．

---

* 実験計画法については，『実験計画と分散分析のはなし』をごらんください．

ひとやすみ

7. 総身に知恵はまわるのか
—— 相関と回帰のはなし ——

相関を見つける

蓼食う虫も好きずき,という諺があります.蓼は,赤マンマと俗称される草で,ひどくにがいのですが,このにがい蓼を好んで食べる虫がいるということから,人の好き嫌いはまちまちだということを意味します.確かに,石油や鉄を食うバクテリアさえいるくらいですし,西洋の諺でも The pig prefers mud to clear water(豚はきれいな水より泥水が好き)といいますから,蓼食う虫も好きずきなのでしょう.その証拠に,言っちゃ悪いけれど,あまり冴えないお嬢さんでもちゃんと生涯の伴侶を見つけていくではありませんか.

そこで,いろいろなタイプの女性が5人,ここにいると思ってください.大柄あり小柄あり,細めあり太めあり,色白あり色黒あり,鼻筋の通ったのと天井を向いたの,ちぢれ毛やすなおな黒髪,ハスキー・ボイスや鈴の音の声,これらがうまくミックスして5人ともなかなかチャーミングです.5人の名前を何としましょうか.春夏

秋冬や東西南北では4人ぶんしか作れないし，ふつうの名前を5人ぶん並べると，だれがだれやら判別しにくいし，このあたりが原稿を書くのにいちばん苦労するところなのですが，こんどは思いきり平凡にA子，B子，C子，D子，E子，とさせていただきます．

さて，ここに2人の男がいます．この2人にこれから5人の女性から好みのタイプを選んでもらいます．この2人を甲と乙としましょう．

まず，甲に5人の女性を好きな順序に並べてもらったところ

  A, B, C, D, E

となりました．いっぽう，乙にも5人の女性に好きな順序を付けさせたところが

  D, A, C, E, B

という結果になりました．はて，蓼食う虫も好きずきといえるでしょうか．

かりに，乙が付けた順序が

  A, B, C, D, E

であったとすると，これは甲が付けた順序とぴったりと一致しているので，蓼食う虫も好きずき，とはいえません．

これに対して，乙が付けた順序が

  E, D, C, B, A

であったとすると，これは甲が付けた順序の完全な逆順ですから，甲と乙の好みがまったく反対であり，蓼食う虫も好きずきの見本のように思えますが，どうでしょうか．

統計学では，甲と乙が付けた順序がほぼ一致しているとき，甲と乙の好みには**正の相関がある**，順序がほぼ逆順になっているとき，

負の相関あり

甲と乙の好みには**負の相関がある**といい，また，2人の好みがてんで関係なさそうなとき**相関がない**というのですが，「蓼食う虫も好きずき」は負の相関があるということなのか，それとも，相関がないということなのか，数学の定義ほど，はっきりせず，かなりあいまいです．

いまは，統計解析の話をしているのですから，あいまいでは困ります．そこで甲と乙の女性に対する好みを題材にして正の相関や負の相関のあるなしを数量的に明確にしていこうと思います．

数量化の第1ステップとして，だれでも思いつくように，5人の女性のうち好みに合うほうから順に，5点，4点，3点，2点，1点，を与えることにします．たとえば，甲と乙の好みが完全に一致してA，B，C，D，Eの順ならば表7.1のように得点が与えられることになります．

相関の強さを数量化するための第2ステップとして，甲と乙が5人に与えた得点をかけ合わせて合計します．甲と乙の好みがまった

表7.1 甲と乙の好みが一致すると

	A	B	C	D	E		
甲が与えた得点	5	4	3	2	1		
乙が与えた得点	5	4	3	2	1		
かけ合わせた値	25	16	9	4	1	計	55

く一致してA, B, C, D, Eの順の場合には表7.1のように55となります. この値は, 2人の好みがA, B, C, D, Eの順ではなく他の順序であっても2人が選んだ順序が完全に一致してさえいれば, 常に55になることはいうに及びません. なお, なぜ各人の得点をかけ合わせて合計する気になったかについては, もう少しあとで補足するつもりです.

では, 甲と乙の好みが正反対のときにこのルールを適用したら相関の強さはいくらになるでしょうか. 計算してみると表7.2のように35となることがわかります. 実をいうと, 相関の強さをこのように数量化するなら, 2人の好みが完全に一致したとき, つまり完全に正の相関があるとき最大の値となって55, 2人の好みが完全に逆順のとき, つまり完全に負の相関があるとき最小の値となって35, その他の場合はすべて35～55の間の値となります. これを証明するのはたいしてむずかしくはありませんが, やや本題から外れるので省略させていただきます.

表7.2 甲と乙の好みが逆順なら

	A	B	C	D	E		
甲が与えた得点	5	4	3	2	1		
乙が与えた得点	1	2	3	4	5		
かけ合わせた値	5	8	9	8	5	計	35

この章のはじめのほうに例示したように,甲の好みはA,B,C,D,Eの順であるのに,乙の好みがD,A,C,E,Bである場合はどうかと,計算してみたのが表7.3です.相関の強さを表わす値は45で,甲と乙の好みが一致したときと逆順のときのちょうど中間の値になっています.きっと,甲と乙の好みの間には相関がないのでしょう.

表7.3 甲と乙の好みが無関係なら

	A	B	C	D	E		
甲が与えた得点	5	4	3	2	1		
乙が与えた得点	4	1	3	5	2		
かけ合わせた値	20	4	9	10	2	計	45

こうしてみると,2人の好みの相関をこのように数量化するなら,その値が55に近いほど2人の好みには正の相関が強く,35に近いほど2人の好みには強い負の相関が認められ,45あたりの値なら相関がほとんどないということができそうです.

順位相関係数を求める

前節では,2人の好みの間にある相関の強さを一応,数量化することに成功したのですが,しかし,この数量化はあまり洗練されているとはいえません.なにしろ,最低35,最高55などという数字は,私たちの日常感覚からいっても中途半端です.どうせ,幅20の間でしか値が存在しないなら

　　　0〜20

の間に値があるように数量化するか,さもなければ

7. 総身に知恵はまわるのか

$$-10 \sim 10$$

とでも, してもらいたいものです.

そこで数量化の第3ステップとしては, 各人の点数をかけ合わせて合計した値から45を差し引いて, 値が存在する領域を

$$-10 \sim 10$$

としてしまいましょう. そうすると, 算出した値が正の値であれば正の相関が, 負の値であれば負の相関が認められることになって, 語呂合わせの点からもぐあいがよいではありませんか.

これで洗練された数量化ができたかというと, まだ, もの足りないところがあります. いまの例では5人の女性に1点から5点までの点数を付けたのですが, もしも, 6人に1点から6点までの点数を付けて相関の強さを数量化したとすると, 各人の点数をかけ合わせた値の合計は

$$56 \sim 91$$

の間に存在することになり, その区間の幅35をプラスとマイナスに振り分けると

$$-17.5 \sim 17.5$$

となって, $-10 \sim 10$ の領域で相関の強さが表わせるというほどスマートではなくなってしまいます.

そこで, 数量化の第4ステップとしては, 5人の場合には「各人の点数をかけ合わせて合計して45を引いた値」を10で割ることにし, 6人の場合には「各人の点数をかけ合わせて合計して73.5を引いた値」を17.5で割ることにします. そうすれば, 5人の場合でも6人の場合でも相関を表わす値は

$$-1 \sim 1$$

の間にあり，1に近いほど正の相関が，-1に近いほど負の相関が強く，0に近ければ相関が弱いことを表わします．これなら最高に洗練された数量化ではありませんか．

5人と6人とにこだわらず，一般的にいきましょうか．n個の対象に対して，2人がそれぞれ1点からn点までの点数を与えます．そうすると，点数をかけ合わせて総計した値の最大値は，同じ点数どうしをかけ合わせて合計したものですから，

$$n^2+(n-1)^2+\cdots\cdots+2^2+1^2=\frac{1}{6}n(n+1)(2n+1) \qquad (7.1)$$

であり，最小値は

$$n\times1+(n-1)\times2+\cdots\cdots+2\times(n-1)+1\times n$$
$$=\frac{1}{6}n(n+1)(n+2) \qquad (7.2)$$

となります*．そうすると，最大値と最小値のちょうど中央の値は

$$\frac{1}{2}\left\{\frac{1}{6}n(n+1)(2n+1)+\frac{1}{6}n(n+1)(n+2)\right\}=\frac{1}{4}n(n+1)^2 \qquad (7.3)$$

ですから，数量化の第3ステップでは「点数どうしをかけ合わせて合計した値」から式(7.3)の値を差し引くことによって，最大値と最小値をプラスとマイナスに等しく振り分けていたことになります．

さらに，式(7.1)で表わされる最大値と式(7.3)で示される中央値

---

* 式(7.1)と式(7.2)とは数学の公式集などにも載っていますが，nが1のときに成立することを確かめ，この式が成りたつという前提のもとにnが$n+1$になってもこの式が成立することを明らかにすることによって，この式そのものを証明する数学的帰納法などを使えば，証明することができます．

との差は

$$\frac{1}{6}n(n+1)(2n+1) - \frac{1}{4}n(n+1)^2 = \frac{1}{12}n(n^2-1) \qquad (7.4)$$

ですから，数量化の第4ステップでは第3ステップまでに求めた値を式(7.4)の値で割ったことになります．

ごちゃごちゃしてきました．結論を表7.4に整理しましょう．要するに，2人の観察者が何個かの対象に順位を付け，1点，2点，3点，……と与えたとき，それぞれの点数をかけ合わせて合計した値の最大値と最小値は表7.4に載せたとおりであり，一般には最大値と最小値の間の値になります．そこで，その値から表7.4の「引くべき値」を引き，「割るべき値」で割ると

$$-1 \sim 1$$

の値となり，1に近いほど正の相関が，-1に近いほど負の相関が強く，0に近ければ相関が弱く，0なら相関がまったくない，と判定できようというものです．

表7.4 順位の相関の強さを求めるために

n	最大値	最小値	引くべき値	割るべき値
2	5	4	4.5	0.5
3	14	10	12	2
4	30	20	25	5
5	55	35	45	10
6	91	56	73.5	17.5
7	140	84	112	28
8	204	120	162	42
⋮	⋮	⋮	⋮	⋮
n	$\frac{1}{6}n(n+1)(2n+1)$	$\frac{1}{6}n(n+1)(n+2)$	$\frac{1}{4}n(n+1)^2$	$\frac{1}{12}n(n^2-1)$

実例をどうぞ……．表7.1では甲と乙の好みが完全に一致していたので「かけ合わせた値」を合計すると55となり，表7.4によればnが5のときには45を引いて10で割るのですから

$$(55-45) \div 10 = 1$$

で，完全に正の相関があります．

表7.2の場合は，甲と乙の好みがまったくの逆順だったので

$$(35-45) \div 10 = -1$$

となって，完全に負の相関を示します．

表7.3では，甲と乙の好みがてんでんばらばらでしたので

$$(45-45) \div 10 = 0$$

であり，相関がまったくありませんでした．

では，

甲が付けた得点　Aに5，Bに4，Cに3，Dに2，Eに1
乙が付けた得点　Aに4，Bに3，Cに5，Dに1，Eに2

ならどうでしょうか．いくらか好みに共通点が見られそうですが……．

計算は簡単ですから，各人でやってみてください．相関の強さを示す値は0.6となるはずです．なるほど，いくらか正の相関がありますが，特に強いというほどでもありません．甲と乙の好みはおおむね似てはいるものの，非常によく似ているとはいえないようです．

相関の強さを示すこのような値は，スピアマンの**順位相関係数**と呼ばれています[*]．順位にだけ着目して求めた相関の強さを示す値

---

*　順位相関の考え方に重点をおいてくどくどと述べてきましたが，機械的に計算するには　↗

だからです.

なお, この値がいくらくらいなら相関があると判定していいか, いいかえると, 相関が有意であるとみなせるかについては, もうしばらくお待ちください.

順位相関を目で見る

百聞は一見にしかず, です. いままで現れた順位相関係数の実例を図示してみました. 図7.1 がそれですが, 縦軸には甲が付けた評価点を, 横軸には乙が付けた評価点をとり, A, B, C, D, E をその直交座標上にプロットしてみたのです. なお, ふつうの直交座標なら座標の原点を(0, 0)に位置させるのがふつうですが, ここでは点数の中央値に敬意を表して(3, 3)に座標の原点をとりました. このほうが, あとの説明上, 都合がいいからです.

図7.1の左上の図は, 甲と乙の好みが完全に一致した場合で, 第1象限から第3象限にかけてきれいに一列に並んでいます. こういうとき, 甲と乙の好みには完全に正の相関があり, 相関係数は1に

↗ $$順位相関係数 = 1 - \frac{6\Sigma(順位の差)^2}{n(n^2-1)}$$

という式を使っても結構です. たとえば

	A	B	C	D	E	
甲が付けた順位	1	2	3	4	5	
乙が付けた順位	2	3	1	5	4	
順 位 の 差	-1	-1	2	-1	1	
そ の 2 乗	1	1	4	1	1	計 8

$$順位相関係数 = 1 - \frac{6 \times 8}{5(5^2-1)} = 0.6$$

というようにです.

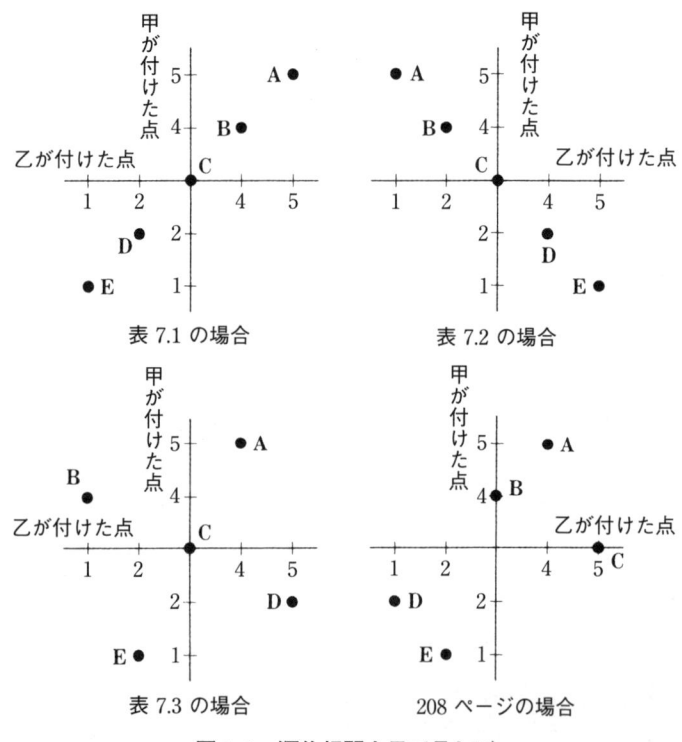

図 7.1 の 4 つのグラフ（表 7.1 の場合、表 7.2 の場合、表 7.3 の場合、208 ページの場合）が示されている。

図 7.1 順位相関を目で見れば

なるのでした．

右上の図は，甲と乙の好みが正反対の場合で，第 2 象限から第 4 象限にかけて見事に一直線上に並んでいます．こういうとき，甲と乙の好みには負の相関があるといい，相関係数は -1 になるのでした．甲と乙の好みはまるで反対なのですが，2 人の好みの間に明瞭な関係があるのですから，強い相関があることは事実であり，ただ，相関の方向が正反対なので負の相関があるといい，相関係数がマイ

ナスになるのです.

左下の図は, 甲と乙の好みにまったく関連が見出せない場合であり, こういうとき甲と乙の好みには相関がないといい, 相関係数は 0 になるのでした.

右下の図は, 208 ページ中ほどの例を図示したもので, 甲が付けた点が高いほど乙も高い点を付けている傾向がいくらか見られます. こういうとき, いくらか正の相関があるといい, この例では相関係数が 0.6 でした.

これが相関係数だ

話題が少し変わります. 天は二物を与えず, といいますから, 学問のできる人はスポーツが苦手かと思うと意外にそうではなく, 同じ条件で学問とスポーツとを学ばせると, 学問のできる人はスポーツも上手になる傾向があるそうです. 学問もスポーツも脳細胞の情報処理能力に左右されるところに共通点があるのかもしれません.

その傾向を確かめてみようというのです. 6 人の若者を一定期間同じ条件で勉強とスポーツの練習をさせ, その成果をテストしてみたと思ってください. テストの結果は表 7.5 のとおりでした. これだけでは相関の程度がわかりにくいので, 各人の点数をグラフ用紙の上に印してみると図 7.2 のようになります. 一見して, 右上がり

表 7.5 相関はあるかな？

名前	学科の得点	スポーツの得点
A	6	5
B	5	5
C	9	7
D	9	8
E	6	4
F	7	7

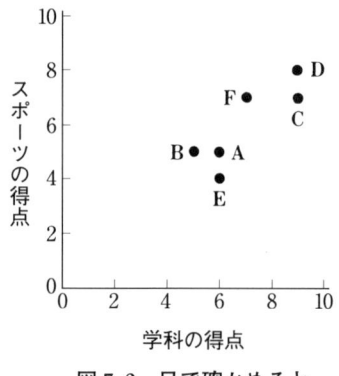

図7.2 目で確かめると

に配列されている傾向が見られるので，かなりの正の相関がありそうですが，どのくらい強い相関があるといえるでしょうか．

こんども，いままでのように順位相関係数を求めることもできますが，それは望ましいことではありません．同点があるので順位が付けにくいし，それは0.5ずつ分け合うことによって解決するとしても，せっかくきめ細かく採点されているのに，情報量の少ない順位に直してしまうのは，もったいないではありませんか．それでは，いったいどのようにして相関係数を求めたらいいでしょうか．

相関の強さを順位相関係数として数量化したときの考え方を踏襲しましょう．すべての場合に，できるだけ同じ考え方を使うほうが統一がとれて理解もしやすいし，使いやすいに決まっているからです．ただし，順位相関係数の場合には第2ステップで得点をかけ合わせて合計し，第3ステップで中心の位置を移動させてプラスとマイナスに振り分けたのでしたが，こんどは順序を変えて，中心の位置を移動してから得点をかけ合わせて合計することにします．結局はどちらでも同じなのですが，そのほうが話の筋道がわかりやすいからです．

6人の若者に与えられた学科の得点は

　　6, 5, 9, 9, 6, 7

でしたから，これらの平均は7です．この際，学科の得点を x_i と

書くことにすると

$x_1=6$, $x_2=5$, $x_3=9$

$x_4=9$, $x_5=6$, $x_6=7$

であり，これらの平均 $\bar{x}$ は

$\bar{x}=7$

と表わされます．

同様に，若者たちのスポーツの得点は

5, 5, 7, 8, 4, 7

でしたから，これらは y_i と書くことにしますと，これらの平均 $\bar{y}$ は

$\bar{y}=6$

です．

それでは，x 軸を 7 へ，y 軸を 6 に平行移動させましょう．そうすると，データの値は新しい x 軸と y 軸をはさんでプラスとマイナスに振り分けられるにちがいありません．図 7.3 を見ていただきましょうか．前の図に新しい座標軸を書き込んだ図であり，なるほど，新しい x 軸と y 軸によって 6 つのデータがプラスとマイナスに振り分けられているのが見られます．そして，いままで x_i だった値は新しい座標では $x_i-\bar{x}$ に，同様に y_i は $y_i-\bar{y}$ になることもわかります．もとの座標上で $(9, 8)$ だった右上の点が新しい座標では $(9-7, 8$

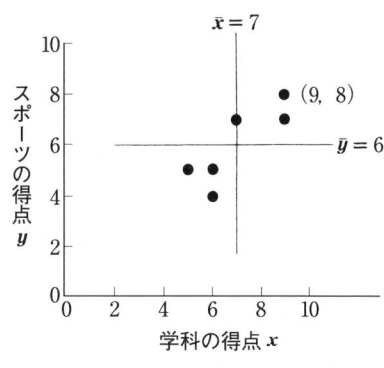

図 7.3 座標の原点をデータの中心へ

−6)つまり(2, 2)になっているようにです.

つづいて,$(x_i-\bar{x})$と$(y_i-\bar{y})$とをかけ合わせて

$$(x_i-\bar{x})(y_i-\bar{y})$$

とするのですが,相関の強さを数量化する手順として「かけ合わせ」がなぜふさわしいかも,図7.3からわかります.前にも書いたように,第1象限と第3象限に多くのデータが並んでいるのを正の相関があると解釈するのでしたし,第1象限と第3象限にある点は,xの値とyの値とをかけ合わせるとプラスの値になるところが特徴ですから,この「かけ合わせ」の特徴を利用すれば,プラスが大きいとき正の相関があると判定できるにちがいありません.これに対して,第2象限と第4象限にデータが並んでいるとき負の相関があるとみなすのでしたし,第2象限と第4象限にある点はxの値とyの値をかけ合わせるとマイナスの値になるところが特徴ですから,この特徴を生かしてマイナスの値があれば負の相関があると判定するためには,「かけ合わせ」が必要になるというわけです.

というわけで,$(x_i-\bar{x})$と$(y_i-\bar{y})$とをかけ合わせて合計し

$$\Sigma(x_i-\bar{x})(y_i-\bar{y})$$

を求めるところまでが,第3ステップまでの操作に相当します.つぎに,第4ステップでは,データの個数や値の大小にかかわらず,この値が−1から1の間に納まってしまうように,この値がとり得る最大の値で割ってやることです.この値がとり得る最大値は

$$\sqrt{\Sigma(x_i-\bar{x})^2 \cdot \Sigma(y_i-\bar{y})^2}$$

ですから[*],第4のステップまでの処理をすべて完了した最終的な

---

[*] よく知られた不等式

値を r とすると

$$r = \frac{\Sigma(x_i-\bar{x})(y_i-\bar{y})}{\sqrt{\Sigma(x_i-\bar{x})^2 \cdot \Sigma(y_i-\bar{y})^2}} \tag{7.5}$$

となります.これで相関の強さを数量化できたことになり,この r を**相関係数**と名付けています.

さっそく,6人の若者の勉強とスポーツの相関係数を求めてみます.式(7.5)はいかにもおそろしげですが,実は張子の虎で,たいしておそろしくはありません.数値計算は表7.6のようにすいすいと運んで

$\Sigma(x_i-\bar{x})(y_i-\bar{y})=11$

$\Sigma(x_i-\bar{x})^2=14$

$\Sigma(y_i-\bar{y})^2=12$

が求まりますから

表7.6 相関係数を求めるために

x_i	$x_i-\bar{x}$	$(x_i-\bar{x})^2$	y_i	$y_i-\bar{y}$	$(y_i-\bar{y})^2$	$(x_i-\bar{x})(y_i-\bar{y})$
6	-1	1	5	-1	1	1
5	-2	4	5	-1	1	2
9	2	4	7	1	1	2
9	2	4	8	2	4	4
6	-1	1	4	-2	4	2
7	0	0	7	1	1	0
$\bar{x}=7$	$\Sigma(x_i-\bar{x})^2=14$		$\bar{y}=6$	$\Sigma(y_i-\bar{y})^2=12$		$\Sigma(x_i-\bar{x})(y_i-\bar{y})=11$

↗ $\Sigma a_i^2 \cdot \Sigma b_i^2 - (\Sigma a_i b_i)^2 \geq 0$

に $a_i=x_i-\bar{x}$, $b_i=y_i-\bar{y}$ を代入すると

$\sqrt{\Sigma(x_i-\bar{x})^2 \cdot \Sigma(y_i-\bar{y})^2} \geq \Sigma(x_i-\bar{x})(y_i-\bar{y})$

が得られます.

$$r = \frac{11}{\sqrt{14 \times 12}} \fallingdotseq 0.85$$

となります．なるほど，勉強とスポーツの能力の間にはかなり強い正の相関があると出ました．

なお，これは数学の例題としての結論にすぎませんから，現実の話とごちゃまぜにしないでいただきたいと思います．

真の相関係数を区間推定する

標本の数が少ないと，作られた数字はあてにならないし，標本の数が多ければ多いほど作られた数字は信用できる……というのが，統計の鉄則です．その証拠を私たちは第2章から第5章にかけてふんだんに見てきました．相関係数もいくつかの標本から作られた数字ですから，この鉄則から逃れることはできません．では，6人の若者をテストして作られた勉強とスポーツ能力の間の相関係数0.85は，どのくらい信用できる数字でしょうか．

これを確かめるためには，6つの標本から作られた，$r = 0.85$ をもとに，母集団の相関係数，つまり，もっともっと大勢の若者たちをテストしたとき得られるであろう相関係数を区間推定してみればいいはずです．けれども，この区間推定の理論を述べようと思うと非常に複雑な数式を使わなければなりません．そこで，途中経過は省略して結論だけを紹介するにとどめます．

図7.4を見てください．これが標本から求めた相関係数 r によって母集団の相関係数 ρ を区間推定するグラフの一例で，6個の標本から求めた r によって ρ の95％信頼区間を求める曲線です．2本

の曲線のうち下の曲線からはρの下限を，上の曲線からはρの上限を求めることができます．いまの例では，rが0.85でしたから，図の中に例示したようにρの下限は0.15，ρの上限は0.98ということになります．したがって，ρの95%信頼区間は

　　　　0.15〜0.98

であることがわかります．

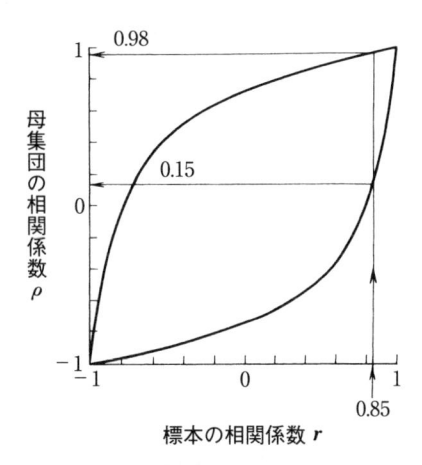

図7.4　母相関係数を区間推定する（$n=6$，95%信頼区間）

ρの推定区間が0.15〜0.98ということは，どう転んでもρは正の値ですから，確かに正の相関があるということはできます．けれども強い相関があるかとなると，必ずしもそうはいえません．標本の数が6個では，このような程度なのです．標本の数が，かりに50個もあって$r=0.85$となったとしたらどうでしょうか．

その有様は図7.5をいまと同じように読んでいただけばわかります．ρの95%信頼区間は

　　　　0.78〜0.92

となって，強い正の相関があることをしっかりと保証することができようというものです．

図7.5は，線が多くて目がちらつくかもしれませんが，標本の相関係数rから母集団の相関係数ρの95%信頼区間が直ちに読みとれますから，必要なときにお使いください．

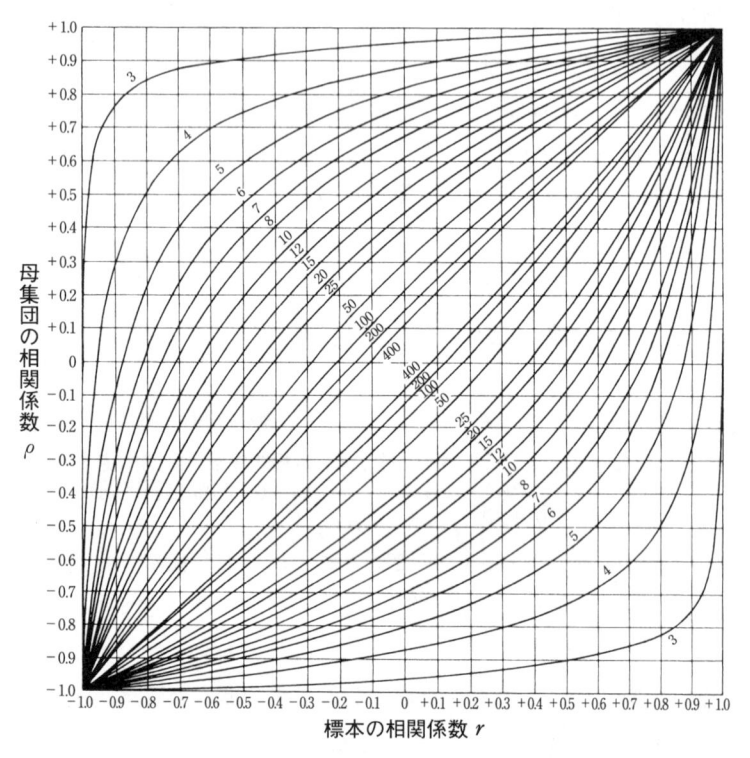

図7.5　母集団の相関係数を区間推定する（95％信頼区間）

ところで，たとえば標本の数が6個のときρの下限が0になるようなrは，図7.5を見ていただけばわかるように，0.81です．したがって，rが0.81以上であればρの95％信頼区間は必ず正の値の範囲にあります．いいかえれば，標本の数が6個のときrが0.81以上なら母集団には正の相関があると判定していいはずです．図7.5はこのように検定にも使えるところが強みです．ただし，この場合，検定の危険率は0.25％です．真のρが95％信頼区間より

下方へはみ出している確率は，上方へはみ出している確率と 5% を分け合うので，2.5% だからです．

相関は因果関係を保証はしない

なんとかは総身に知恵がまわりかねという言葉があるので，これを確かめてみたいと思ったひまな男がいます．その男が手当たり次第に 10 人に協力を頼み，簡単な数学テストに付き合ってもらったところ，その結果は表 7.7 のとおりでした．

一見して，総身に知恵がまわりかねどころか，背が高いほど数学の得点が高い傾向にあることが明瞭に見られます．ひょっとするとこれは，諺を覆す意外な事実を証明することになるかもしれません．さっそく，相関係数を計算してみたところ，0.94 となりました．標本が 10 個で相関係数が 0.94 なら，図 7.5 を見ていただくまでもなく，じゅうぶんに強い正の相関があると判定してまちがいありません．くだんの男が喜んだのはもちろんのこと，論文にまとめて学会にでも発表しようかという勢いですが，はて，学会に発表するだけの価値ある発見でしょうか．

表 7.7 のデータから背の高さと数学の得点の相関係数を計算すると約 0.94 になることは事実です．そして 10 個の標本から求めた相関係数が 0.94 なら，母集団の相関係数は

表 7.7　1 つの事実

背の高さ(cm)	数学の得点
120	13
130	28
135	35
140	60
150	55
160	72
165	90
170	80
175	84
180	83

95％という高い確率で 0.75〜0.98 の間にあると図 7.5 が教えてくれますから，背の高さと数学の得点の間には強い相関があると認めざるを得ません．

けれども，実はこのデータには小学生も含まれていました．それも低学年です．低学年の小学生が大人に比べて数学の得点が悪いのは当たり前ではありませんか．このデータは実は，大人も子供も，男も女もごちゃ混ぜになっているようです．

そこで，ちょっとデータを吟味してみます．160cm 以上の 5 人についてみましょう．この 5 人について背の高さと数学の得点の間の相関係数を計算してみると約 0.43 となります．やや正の相関がありそうですが，真の相関係数の 95％ 信頼区間は −0.62〜0.91 くらいですから，正の相関があるともいいきれません．

また，身長 165cm 以上の 4 人について相関係数を算出してみるとなんと −0.66 となり，総身に知恵がまわらない傾向が見られるのですが，95％ 信頼区間は −0.97〜0.66 くらいですから，「なんとかは総身に知恵がまわりかね」もあまりあてになりません．

どうやら，「総身に知恵がまわりすぎ」という珍説を学会に発表しても，失笑をかうにすぎないようです．

10 人のデータからは非常にはっきり，背の高さと数学の得点の間に正の相関が認められ疑うべくもないのに，この結果を学会に発表すれば失笑をかうにすぎないとは，何ごとでしょうか．こんなことでは，相関係数などくそくらえではありませんか．

そこで，相関を利用するときの注意を述べなければなりません．私たちが「なんとかは総身に知恵がまわりかね」というときには言外に，頭が悪い人は背が高いとか，背が高いから頭が悪いというよ

うに，頭脳と身長の間に因果関係があることを示唆するのが普通です．ちょうど，日当たりのよい土地は植物の成長が速いとか，よく勉強する子は成績がよい，というようにです．なるほど，日当たりと植物の成長の間には正の相関があるでしょうし，勉強量と成績の間にもきっと正の相関があるでしょう．だから，私たちは相関があれば因果関係があると錯覚しがちです．

けれども因果関係があれば相関はありますが，相関があっても因果関係があるとは限りません．表7.7の10人のデータによれば背の高さと数学力の間に正の相関があることは確かですが，だからといって，身長が高いと数学力があるとか，あるいは数学力がある人は身長が高いというように，背の高さと数学力の間に因果関係があるとは限らないのです．ここをまちがえると，酒類消費量と国民総所得の間に強い正の相関があるという事実から，男も女も老いも若きも，もっともっとアルコールを飲めば国民総所得が増えるにちがいないという変な結論になってしまいます．

相関は，2つの事象の間に，片方が増せば他方も増す，あるいは片方が増せば他方が減るという事実を指摘するにすぎません．なぜそうなのかは，別の立場から，たとえば自然科学的あるいは社会科学的な問題として洞察してもらわなければなりません．表7.7が示した強い相関が，小学生から大人にかけては年齢とともに背も高くなるし，数学力もついてくるから，背の高さと数学力の間に関係があるように見えるにすぎない……と洞察するのと同じようにです．

総じていえば，統計は数字で表わされた事実関係を明らかにするための学問です．事実関係を作り出す因果応報のからくりや事実関係の裏にひそむ価値観については，まったく関知しないのが建前で

す．それにもかかわらず「ウソには三種類ある．ウソ，みえすいたウソ，そして統計だ」* となったり，『統計でウソをつく法』** だとか，『数字の魔術師になる法』などの本が出版されたりしたのは，統計がまちがった使い方をされて人をたぶらかすことが多いからでしょう．ご用心，ご用心……．

直線で回帰する

2つの事象の間に，片方が増せば他方も増す傾向があるときには正の相関が，片方が増せば他方が減る傾向があれば負の相関があるといい，相関の強さは相関係数で示されることを私たちは知りました．ところで，正の相関があれば片方が増すにつれて他方も増す傾向があるのですが，どのくらいの割合で増加するかについては相関係数は何も教えてくれません．それを知るにはどうしたらいいでしょうか．

たとえば，つぎのような例はどうでしょう．日本は四方を海に囲まれて，海洋資源や海上交通の恩恵に浴してきました．その代わり，水難の事故なども決して少なくはありませんでした．ところが，ありがたいことに，水難による死亡者の数は，年ごとにだんだん減り

---

* イギリスの政治家ディズレイリの言葉．日本でなら，さしずめ「ウソには四種類ある．ウソ，みえすいたウソ，そして統計と政治家の言葉……」．もし，イギリスの政治家もウソをつくとしたら，ディズレイリの言葉は，どうなるのでしょうか．

** ダレル・ハフ著, *How to Lie with Statistics*, 講談社のブルーバックスで翻訳出版されています．

7. 総身に知恵はまわるのか

表 7.8　ある実績

年	水難死亡者数(人)
1985	2004
1990	1479
1995	1214
1997	1243
1999	1179
2001	1058

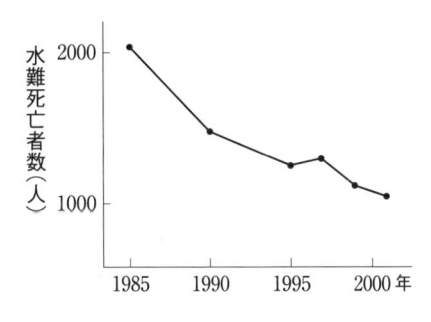

図 7.6　グラフで見れば

つつあるのだそうです．統計によると*ここ十数年間の水難事故による死亡者数(行方不明を含む)は，表 7.8 のように推移しているそうです．そこで，このデータをグラフに描いてみると図 7.6 のようになりました．なるほど，多少の凹凸はありますが，全体的に見るとほぼ直線的に水難死亡者数は減少しているように見えます．念のために相関係数を計算してみると [−0.95] となりましたから，年と死亡者数の間には，非常に強い負の相関があることになります．

　かなり強い負の相関があるくらいですから，減少の傾向は 2001 年以降もしばらくは続くにちがいありません．この傾向が続くとしたら，2010 年にはどのくらいの死亡者数に減っているでしょうか．ひとつ，予測をしてみようではありませんか．

　こういうとき，いちばん手っとりばやいのは図 7.6 に印された 6 つの点の配列をうまく代表するような直線を見当をつけてえいやっと引き，その直線から 2010 年の水難死亡者数を読みとることです．

---

*　『読売年鑑　2003 年版』によりました．

このように，いくつかの点の配列を代表するような直線を引くことを**直線回帰**というのですが，人間の頭脳はすばらしいコンピュータですから，わずか数秒間の作業にしては6つの点の傾向をかなりじょうずに直線で回帰することができ，これで実用上じゅうぶんであることも少なくありません．

けれども，人間には人それぞれの癖があるし，同一の人物であっても気分や体調によって手もとが左右されますから，多少の誤差は免れません．その証拠に，図7.7を見てください．6つの点の配列に沿った直線をおおまかな見当で引いた2つの例を並べてあります．どちらも，もっともらしく見えるのに，2010年のあたりではずいぶん大きく差がついてしまいました．これではちょっと問題です．そこで，勘に頼って直線を引くのではなく，もっと科学的に直線をあてはめてみようと思います．

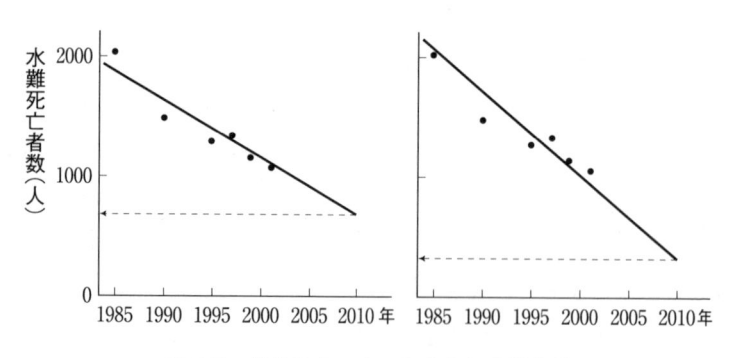

図7.7　どちらも，もっともらしく見える

直線の方程式は，ご案内のように

$$y = ax + b \tag{7.6}$$

で表わされます．そこで，6つの点の値によって，aとbとを決め

てやろうというわけです.どのように決めれば6つの点の傾向をいちばん適切に代表できるかについては,図7.8を見ながら考えていきましょう.

図7.8では点が4つしか印してありません.直線の傾向を1本の直線で表わすための原理図なので,6つも点を印す必要がないと思い4つに減らしたまでのことですから,点の数は気にしないでください.

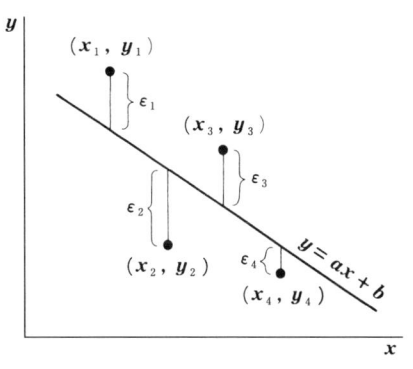

図7.8 代表する直線を決める方法

4つの点を,えいやっと1本の直線で回帰したのが図中の
$$y = ax + b$$
の直線です.いちばん理想的な姿は,4つの点がすべてこの直線上に印されていることなのですが,残念ながらどの点も直線から外れたところにあります.その外れっぷりがなるべく小さくなるように直線を決めてやりたいのです.

いま,かりに(x_1, y_1)の点が$y = ax + b$の直線上にあるとするなら
$$y_1 = ax_1 + b \tag{7.7}$$
であるはずです.けれども,実際の(x_1, y_1)はそれよりも$\varepsilon_1{}^*$だけ外れています.つまり
$$y_1 = ax_1 + b + \varepsilon_1 \tag{7.8}$$

---

* εはイプシロンと読むギリシア文字で,ローマ字のeに相当します.errorの頭文字に相当するので,誤差を表わす記号としてよく使われます.

なのです．式の形を変えれば

$$\varepsilon_1 = y_1 - ax_1 - b \tag{7.9}$$

となります．この関係をどの点にも共用するように一般的な書き方をすれば

$$\varepsilon_i = y_i - ax_i - b \tag{7.10}$$

ということです．そこで，この ε_i を全体としてもっとも小さくしてやろうと思います．全体として，ということですから，ε_i の総和，つまり $\Sigma \varepsilon_i$ がもっとも小さくなるように，できればゼロになるようにしたいのです．けれども

$$\Sigma \varepsilon_i = 0$$

からいきなり a と b とを求めようとしても，2つの未知数に対して方程式が1つしかありませんから，a と b とを求めることはできません．

そこで，ε_i を2乗した値の総和，つまり

$$\Sigma \varepsilon_i^2$$

がもっとも小さくなるように a と b とを決めてやろうと思います．標準偏差を求めるときがそうであったように，$\Sigma \varepsilon_i^2$ を対象とするのは統計数学の常套手段だからです．それに，直線から $+\varepsilon$ だけ外れていても $-\varepsilon$ だけ外れていても外れっぷりからすれば同じですから，$+\varepsilon$ と $-\varepsilon$ を差別しないように2乗するのも合理的だし，物理学や数学の他の概念とも調和がとれてぐあいもいいし，さらにありがたいことには，$\Sigma \varepsilon_i^2$ を最小にすると結果的には

$$\Sigma \varepsilon_i = 0$$

になってしまうのです．

さて，式(7.10)によって

$$\Sigma \varepsilon_i{}^2 = \Sigma (y_i - ax_i - b)^2 \tag{7.11}$$

なのですが，この $\Sigma \varepsilon_i{}^2$ をもっとも小さくするような a と b とを求めるには

$$\left. \begin{aligned} \frac{\partial \Sigma \varepsilon_i{}^2}{\partial a} &= 0 \\ \frac{\partial \Sigma \varepsilon_i{}^2}{\partial b} &= 0 \end{aligned} \right\} \tag{7.12}$$

を連立して解けばいいはずです*．これを計算していくと

$$\left. \begin{aligned} \Sigma y_i - a\Sigma x_i - \Sigma b &= 0 \\ \Sigma x_i y_i - a\Sigma x_i{}^2 - b\Sigma x_i &= 0 \end{aligned} \right\} \tag{7.13}$$

となるのですが，ここで点の数，つまりデータの数を n とし，y_i の平均を $\bar{y}$，x_i の平均を $\bar{x}$ とすると

$$\Sigma y_i = n\bar{y}, \quad \Sigma x_i = n\bar{x}, \quad \Sigma b = nb$$

ですから

$$\left. \begin{aligned} n\bar{y} - na\bar{x} - nb &= 0 \\ \Sigma x_i y_i - a\Sigma x_i{}^2 - nb\bar{x} &= 0 \end{aligned} \right\} \tag{7.14}$$

を解けばいいことになります．この連立方程式を「正規方程式」というのですが，それはさておき計算を続行すると，結局

$$b = \bar{y} - a\bar{x} \tag{7.15}$$

$$a = \frac{\Sigma x_i y_i - n\bar{x}\bar{y}}{\Sigma x_i{}^2 - n\bar{x}^2} = \frac{\Sigma x_i y_i - (\Sigma x_i)(\Sigma y_i)/n}{\Sigma x_i{}^2 - (\Sigma x_i)^2/n} \tag{7.16}$$

という解に到達します．

これで，いくつかの点の傾向をいっとう適切に代表するような直

---

* 『微積分のはなし(下)』204～217ページを参照してください．

線の方程式

$$y = ax + b$$

の a と b とを求める計算式がわかりました．式(7.15)はともかく，式(7.16)のほうはおそろしげな形をして，げっそりしてしまいますが，けれども，実際に数値計算をしてみると意外に簡単なので驚くほどです．

さっそく，年につれて変化する水難死亡者数の実例に最適の直線をあてはめてみましょう．まず，表7.9のようにして，Σx_i, Σy_i, $\Sigma x_i y_i$, Σx_i^2 を求めます．ただし，この表では要領よく手を抜いたところが

表7.9 回帰直線を求めるために

x_i	y_i	$x_i y_i$	x_i^2
5	1004	5020	25
10	479	4790	100
15	214	3210	225
17	243	4131	289
19	179	3401	361
21	58	1218	441
Σx_i =87	Σy_i =2177	$\Sigma x_i y_i$ =21770	Σx_i^2 =1441

あります．x_i は西暦の年数ですから 1985, 1990, ……であるところ，いっせいに 1980 を差し引いて 5, 10, ……としてありますし，水難死亡者数を表わす y_i は 2004, 1479, ……であるところ，いっせいに 1000 を差し引いて 1004, 479, ……としてあります．直線の傾きを表わす a は，x 座標や y 座標を平行移動しても変らないはずですから，x 座標は 1980 だけ y 座標は 1000 だけ平行移動して数字を単純にし，計算を楽にしようという魂胆です*．

---

* 不審に思われる方は，手を抜かないで，表7.8のデータのまま計算してみてください．a の値を求めたところで，ぴったりと一致するはずですから……．なお，a の値が座標の平行移動に無関係であることに合点のいかない方は，『関数のはなし(上)』32ページあたりをごらんください．

7. 総身に知恵はまわるのか

さて，こうして求めた Σx_i などの値を式(7.16)に代入してください．

$$a = \frac{21770 - (87 \times 2177)/6}{1441 - 87^2/6} = \frac{21770 - 31566.5}{1441 - 1261.5}$$

$$= \frac{-9796.5}{179.5} \fallingdotseq -54.6$$

となり，あっさりと a の値が求まりました．つづいて，式(7.15)を使って b を求めます．表 7.8 のデータから，$\bar{x} = 1994.5$，$\bar{y} \fallingdotseq 1362.8$ です．ここでは手を抜いて座標を移動したりしてはいけません．b は直線が y 軸を横切る位置を示しますから，座標を移動すると値が変わってしまいます．きまじめに $\bar{x}$ と $\bar{y}$ の値を式(7.15)に代入すると

$$b = 1362.8 - (-54.6) \times 1994.5 \fallingdotseq 110262.5$$

です．したがって，水難死亡者数の年につれての変化を表わす直線の方程式は

$$y = 110262.5 - 54.6x \tag{7.17}$$

となりました．$\Sigma \varepsilon_i^2$ をもっとも小さくするような手口を**最小2乗法**といいますから，式(7.17)は最小2乗法によって求めた回帰直線の方程式というわけです．

実は，図 7.7 の左図の直線が，この方程式を図示したものだったのです．右図のほうも，もっともらしく見えたのは，いまから思えば印象の錯覚でありました．

なお，式(7.17)の x に 2010 を代入して，2010 年の水難死亡者数を計算すると約 500 人になるのですが，さて，2010 年のデータが公表されたとき，この予測の当たりっぷりを確認できるのが楽しみです．もちろん，下回るほうへ外れてくれるのが，いいに決まっていますが……．

8. 複雑さをばらす法

── 多変量解析のはなし ──

主要な因子を選び出す

またもや，好きなタイプの女の子を選ぶ話です．いつも女の子を選ぶ話ばかりで品も悪いし，話題の貧困さに情けなくなるのですが，勘弁してください．

ここに4人の美女がいて，その名をA子，B子，C子，D子といいます．4人の特徴は表8.1のとおりです．身長，ふとさ，胸のふくらみなど8項目について各人の特徴を書いてあります．女性の価値は外見だけではないぞ，性格，教養，健康などもっとたいせつなものがあるはずだ，との声も聞えてきますが，いまは，外見だけで好きなタイプを選ぼうというのですから，あしからず……．また，「腰」の欄に「張腰」という変な言葉があります．張腰などという日本語はないかもしれませんが，柳腰のようにほっそりした腰ではなく，安産を保証するかのようにどっしりとした腰のつもりです．「声」の欄に「鈴」とあるのは鈴の音のように澄んだ声のことです．

8. 複雑さをばらす法

表 8.1　4人の容姿

	A 子	B 子	C 子	D 子
身　　長	高　め	低　め	低　め	高　め
体　　型	太　め	細　め	細　め	太　め
胸	大きめ	大きめ	大きめ	小さめ
腰	張　腰	柳　腰	柳　腰	張　腰
色	白　め	黒　め	黒　め	白　め
顔	ファニー	うりざね	ファニー	うりざね
髪	ちぢれ	すなお	すなお	ちぢれ
声	ハスキー	鈴	ハスキー	鈴

それでは，甲，乙，丙，丁，戊の5人の男性に4人の女性から好きなタイプを選んでもらいましょう．そして

　　好感がもてる　　　　　　3
　　好感も反感も感じない　　2
　　反感を感ずる　　　　　　1

という点数を付けてもらいましょう．5人の男性たちは鼻の下を長くして女性たちの頭の頂から足の先までを眺めまわしながら採点していましたが，その結果は表8.2のとおりになりました．

さて，男性諸君は女性の外見のどのようなところに

表 8.2　選んだ結果

	A子	B子	C子	D子
甲	3	2	3	2
乙	1	3	2	3
丙	2	1	2	1
丁	3	2	3	2
戊	1	2	1	3

強い関心を示しているのでしょうか．胸のふくらみでしょうか．それとも顔でしょうか．それを表8.2から分析してみようというのが，この節のテーマです．第6章で分散分析をしたときには，個人差とか知能テストのタイプとかが得点を左右する因子だろうと見当がついていて，その因子がほんとうに得点を左右するだけの影響力をもっているかどうかを検定したのですが，ここでは，女性の評価を決める主要な因子を見つけてやろうというわけです．

それには，たとえばA子とB子に対する評価の間に相関があるかどうかを調べ，もし相関があればA子とB子の共通点が女性に対する評価の因子ではないかと考えればいいはずです．さっそく，A子とB子に付けられた点数に相関があるかどうかを調べてみましょう．相関関係を計算する手順は第7章で述べたとおりですが，念のために，A子とB子に付けられた点数間の相関係数の計算手順を表8.3に載せておきました．その結果は -0.35 です．やや負の相関が見られるものの，決して強い相関ではありません．

同じ手順で，4人のすべての組合せについて相関係数を計算して

表8.3 A子とB子の相関係数

A_i	$A_i-\bar{A}$	$(A_i-\bar{A})^2$	B_i	$B_i-\bar{B}$	$(B_i-\bar{B})^2$	$(A_i-\bar{A})(B_i-\bar{B})$
3	1	1	2	0	0	0
1	-1	1	3	1	1	-1
2	0	0	1	-1	1	0
3	1	1	2	0	0	0
1	-1	1	2	0	0	0
10		4	10		2	-1

$$r=\frac{-1}{\sqrt{4\times 2}} \fallingdotseq -0.35$$

表 8.4　相関係数の一覧表

	A 子	B 子	C 子	D 子
A 子	——	−0.35	0.90	−0.60
B 子	−0.35	——	0.00	0.85
C 子	0.90	0.00	——	−0.43
D 子	−0.60	0.85	−0.43	——

みると表 8.4 のようになりました．見ていただくと

　　A子〜C子　0.90

　　B子〜D子　0.85

の組合わせが強い正の相関を示しているのが目につきます．それにつづいては

　　A子〜D子　−0.60

がやや強い負の相関を示しているのが見られますが，それ以外の組合わせでは，たいして強い相関は見当たりません．

　そこで，表 8.1 に示された 4 人の特徴を見ていただきたいのですが，もっとも相関の強い A 子と C 子に共通する特徴は胸は「大きめ」で「ファニー・フェイス」で「ハスキー・ボイス」です．つまり胸のふくらみと顔と声とに共通点があります．

　また，2 番めに相関の強い B 子と D 子に共通する特徴は「うりざね顔」と「鈴の声」です．好き嫌いは別として，やはり顔と声とが共通点です．

　念のために，3 番めに相関の強い A 子と D 子を比べてみてください．A 子と D 子は負の相関ですから，特徴が共通なところではなく，特徴が相反しているところを見つけるのです．そうすると，胸のふくらみと顔と声とが浮び上がります．

表8.5 殿方の目のつけどころは

	A	B	C	D	A~C	B~D	A~D
身　長	高	低	低	高			
体　型	太	細	細	太			
胸	大	大	大	小	◎		△
腰	張	柳	柳	張			
色	白	黒	黒	白			
顔	フ	う	フ	う	◎	○	△
髪	ち	す	す	ち			
声	ハ	鈴	ハ	鈴	◎	○	△

　これらを表8.5に整理してみました．いちばん相関の強いA子とC子の共通点を◎で，ついで相関の強いB子とD子の共通点を○で，負の相関があるA子とD子の相違点を△で示してありますが，これを見れば男性諸君が女性の外見を評価するときの目のつけどころは，胸のふくらみと顔と声であることが明らかではありませんか．この3つが女性の評価を決める主要な因子なのです．このようにして，たくさんの因子が結果に影響を及ぼしていると思われるときに，その中から主要な因子を選び出す手法を**因子分析**といいます．

　なお，いまの例では女性の外見的な評価を決める因子として思いつくままに8つの因子を列挙し，その中から評価に大きな影響を及ぼしていると考えられる因子を選び出したのですが，これらの因子は互いに無関係であるような項目を列挙するのがじょうずなやり方です．「身長」，「体型」と並んで「体重」という項目があったとしても，体重は身長と太さとで決まりますから，あまり意味がないのです．いまの例のように因子が互いに無関係であるとき，因子は互いに**独立**であるといいます．

ベクトルという小道具を使う

こんどは，甲，乙，丙，……，癸という名の 10 人の男性について，卓球が得意か苦手か，また，すもうが得意か苦手かを調べてみました．その結果は表 8.6 のとおりで○印が得意，×印が苦手であることを意味します．たとえば，甲は卓球もすもうも得意，乙は両方とも苦手，丙は卓球が得意ですもうは苦手というように，です．さて，卓球やすもうが得意であることの因子は何だろうか，というのがこの節のテーマです．前節では女性の評価を決める因子として，身長，体型，胸のふくらみ方，腰の形など，気がつくままに 8 つの候補を挙げて，その中から主要な因子を探し出したのですが，こんどは因子の候補さえ挙げてないのですから，なかなかの難問です．

表 8.6 あるデータ

	卓 球	すもう
甲	○	○
乙	×	×
丙	○	×
丁	×	×
戊	○	○
己	×	×
庚	×	○
辛	○	○
壬	○	○
癸	×	×

まず，手がかりを求めて「卓球が得意」と「すもうが得意」の間の相関係数を計算してみます．相関係数の計算法は，もうなんべんもやってきましたから，ご紹介するまでもないのですが，もういちどだけ計算手順を表 8.7 に載せておきました．そこでは，得意を 1，苦手を -1 としてありますが，たとえば得意を 5，苦手を 1 のように別の数字で表わしてもぴったりと同じ答になることは，相関係数の性格からいっても明らかです．ただ，この例では卓球もすもうも○と×が 5 つずつあるので，○を 1，×を -1 にすれば卓球の平均値もすもうの平均値もゼロになって計算が楽になるはずだと考えた

表 8.7 卓球(P)とすもう(S)の相関係数

P_i	$(P_i-\bar{P})^2$	S_i	$(S_i-\bar{S})^2$	$(P_i-\bar{P})(S_i-\bar{S})$
1	1	1	1	1
-1	1	-1	1	1
1	1	-1	1	-1
-1	1	-1	1	1
1	1	1	1	1
-1	1	-1	1	1
-1	1	1	1	-1
1	1	1	1	1
1	1	1	1	1
-1	1	-1	1	1
	10		10	6

$$r=\frac{6}{\sqrt{10\times 10}}=0.6$$

にすぎません.

こうして表8.7のように計算を実行すると「卓球が得意」と「すもうが得意」の相関係数は0.6となりましたから，正の相関がほどほどに強いことがわかりました.

ここまで話が進んだところで，がらりと性格の変わった準備に付き合っていただかなければなりません. **ベクトル**という奇妙な小道具を準備するのです*. ベクトルというのは，ただの矢印にすぎないのですが，その方向と長さの両方に意味を持っているところが特徴です. たとえば，図8.1に「卓球が得意」をベクトルで表わしてみました. 何のへんてつもない1本の矢印なのですが，方向と長さ

---

* ベクトルについては『行列とベクトルのはなし』を参照にしていただけると幸いです.

の両方に意味を持たせたので
矢印からベクトルに昇格した
のです．どうして右上の方向
が卓球が得意という方向なの
か，30 mm の長さはどのくら
いの情報量を意味するのかと
疑問がわくでしょうが，あま
り気にしないでください．と　　**図 8.1　ベクトルという名の小道具**
りあえず，矢印が「卓球が得意な方向」に向いており，その長さが
情報量の程度を表現していると軽く考えていただければじゅうぶん
です．

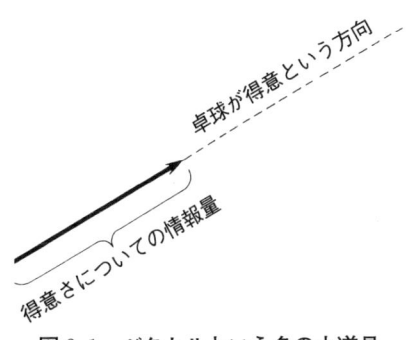

　ベクトルの意味をこのように考えると，いろいろなことに気がつ
きます．2つの事象の間に完全に正の相関があれば，すなわち相関
係数が1ならば，2つの事象を表わす2つのベクトルの方向は完全
に重なり合うにちがいありません．なにしろ，2つの事象の間に完
全な正の相関があるということは，2つの事象の傾向が完全に一致
しているということなのですから．

　ただし，ベクトルの長さが同じとは限りません．たとえば，A子
とB子の第一印象を5人の男性が採点したところ

　　A子　5, 4, 3, 2, 1

　　B子　9, 7, 5, 3, 1

であったとすると，A子とB子の第一印象に対する評価には完全に
正の相関があり，相関係数は1ですから，A子を高く評価する男性
はB子をも高く評価しており，その傾向は完全に一致しています．
ですから，「好感を与える」というベクトルの方向は完全に一致し

ますが，しかし，A子のベクトルよりはB子のベクトルのほうが長いはずです．5人の男性の評価はA子に対してよりB子に対して，きびしく差をつけていますし，意見が近いよりは意見の食い違いが多いほうが全体としての情報量が多いと考えられるからです．このあたりは，ちょっと，わかりにくいかもしれませんが，じきに明瞭になります．

つぎに，2つの事象の間に完全に負の相関があれば，つまり相関係数が−1であれば，両方の事象を表わすベクトルどうしは，完全に反対方向を向くにちがいありません．傾向がまったく逆なのですから当然です．

では，2つの事象の間にまったく相関がなければ，いいかえれば相関係数がゼロならどうでしょうか．きっと2つのベクトルは90°ずれた方向を向くにちがいありません．同方向と反対方向の中間は直角の方向ですし，それに，直角のほうを向いたベクトルは，いかにもそっぽを向いており，一方が増えようと減ろうと，わしゃ知らん，という感じにぴったりではありませんか．

やや正の相関がある場合や，いくらか負の相関がある場合のことは，いままでの思考過程からすぐに類推がつきます．きっと，図8.2のようになることでしょう．

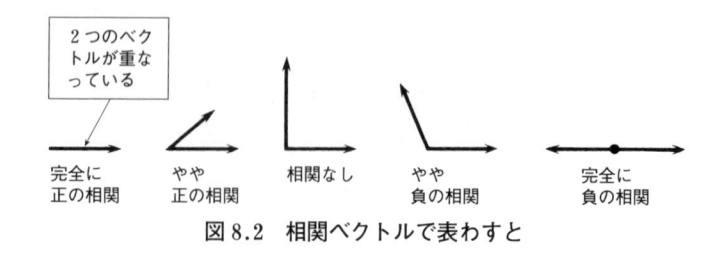

図8.2 相関ベクトルで表わすと

この関係は,実は,ベクトルについての数学を使うと,きちんと説明できます.そればかりか,表8.7のときにやったように,平均値がゼロになるように採点してある場合,2つのベクトルが作る角度をθとすると,θと相関係数rの間には

$$r = \cos\theta \tag{8.1}$$

という関係があることもはっきりするのです.そのあたりの理屈を調べていこうと思うのですが,おっくうな方は242ページの下から1行までパスしていただいても,やむを得ません.

億劫でない方は表8.8を見てください.例によって女性の好みのタイプを決めるなので恐縮ですが,3人の男性にA子とB子を採点してもらったところです.男性を2人にすれ

表8.8 あるサンプル

	A 子	B 子
一 郎	$a_1 - \bar{a}$	$b_1 - \bar{b}$
二 郎	$a_2 - \bar{a}$	$b_2 - \bar{b}$
三 郎	$a_3 - \bar{a}$	$b_3 - \bar{b}$

ば,もっと簡単なのですが,それでは相関係数が必ず1か-1になってしまい例題としてうまくないので,やむを得ず3人にしました.A子には3人の男性によって,a_1,a_2,a_3の得点が与えられたのですが,表8.8では,それらの平均値$\bar{a}$を差し引いて合計得点がゼロになるように細工をしてあります.同様に,B子の得点のほうにも同じ細工を施しました.したがって

$$\Sigma(a_i - \bar{a}) = 0, \quad \Sigma(b_i - \bar{b}) = 0 \tag{8.2}$$

になっているはずです.

さて,A子に対する評価とB子に対する評価をベクトルで図示するとどうなるでしょうか.なにしろ,A子は3人の男性から点をもらっているのですし,3人の男性は互いに相談などせず独立に採点しているのですから,A子の評価ベクトルは3次元空間を使わなけ

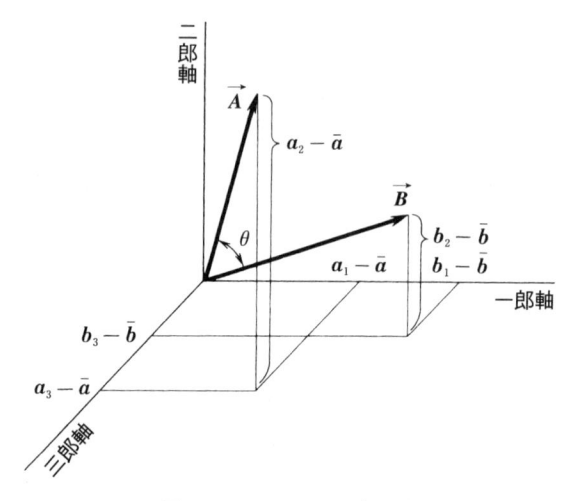

図8.3 ベクトルで表わす

れば表わせません．3次元の空間はほんとうは紙の上には描けないのですが，立体図形を平面上に描くように目の錯覚を利用して図示すると，図8.3のようになります．図の中で$\vec{A}$と書いたのがA子のベクトルで，ベクトルの先端が一郎軸では$a_1-\bar{a}$，二郎軸では$a_2-\bar{a}$，三郎軸では$a_3-\bar{a}$になっています．$\vec{B}$と書いた矢印は，もちろんB子の評価ベクトルです．先端の位置が一郎軸では$b_1-\bar{b}$，二郎軸では$b_2-\bar{b}$，三郎軸では$b_3-\bar{b}$，になっているのを確認してください．そして，この2本のベクトルが作る角度がθです．

ここで，A子のベクトルを$\vec{A}$，B子のベクトルを$\vec{B}$で表わすことにしましょう．そして，$\vec{A}$と$\vec{B}$の具体的な値を

$$\vec{A}=\begin{bmatrix} a_1-\bar{a} \\ a_2-\bar{a} \\ a_3-\bar{a} \end{bmatrix}, \qquad \vec{B}=\begin{bmatrix} b_1-\bar{b} \\ b_2-\bar{b} \\ b_3-\bar{b} \end{bmatrix} \qquad (8.3)$$

と書きます．見なれない記号に抵抗を感ずるかもしれませんが，右辺のかぎかっこの中は表8.8の文字をそのまま書いただけですから，どうということはありません．さらに

$\vec{A}$ の長さを　$|\vec{A}|$

$\vec{B}$ の長さを　$|\vec{B}|$

とします．文字の上に矢印を乗せればベクトルを表わし，それに絶対値の記号を付加すればベクトルの長さを表わすのは，数学の世界のしきたりです．そうすると

$$|\vec{A}| = \sqrt{(a_1-\bar{a})^2+(a_2-\bar{a})^2+(a_3-\bar{a})^2}$$
$$= \sqrt{\Sigma(a_i-\bar{a})^2} \qquad (8.4)$$
$$|\vec{B}| = \sqrt{\Sigma(b_i-\bar{b})^2} \qquad (8.5)$$

であることは幾何学的に明らかです*．

ところが，おもしろいことに，A子とB子に与えられた得点の数，いいかえれば女性を品定めした男性の数を n とすると

$$A子の得点の標準偏差 = \sqrt{\frac{\Sigma(a_i-\bar{a})^2}{n}} = \frac{1}{\sqrt{n}}\sqrt{\Sigma(a_i-\bar{a})^2}$$

$$B子の得点の標準偏差 = \sqrt{\frac{\Sigma(b_i-\bar{b})^2}{n}} = \frac{1}{\sqrt{n}}\sqrt{\Sigma(b_i-\bar{b})^2}$$

ですから，$\vec{A}$ や $\vec{B}$ の長さはそれぞれの標準偏差に比例していることがわかります．一般に，集まったデータがみな同じなら，データがいくつあっても情報はただ1つですし，データにばらつきがあれば数多くの情報がありますから，データの標準偏差が大きいほど情報

---

*　明らかでない方は『行列とベクトルのはなし』20ページあたりの考え方を参照してください．

量は多い理屈になります．ま，ここでは情報量についてはあまり深入りしないでおきましょう．

つぎに進みます．ベクトルどうしのかけ算には2種類あるのですが，そのうち**内積**と呼ばれるかけ算は

$$\vec{A} \cdot \vec{B} = |\vec{A}| |\vec{B}| \cos\theta \tag{8.6}$$

$$\therefore \quad \cos\theta = \frac{\vec{A} \cdot \vec{B}}{|\vec{A}||\vec{B}|} \tag{8.7}$$

で表わされると同時に

$$\vec{A} \cdot \vec{B} = \begin{bmatrix} a_1 - \bar{a} \\ a_2 - \bar{a} \\ a_3 - \bar{a} \end{bmatrix} \cdot \begin{bmatrix} b_1 - \bar{b} \\ b_2 - \bar{b} \\ b_3 - \bar{b} \end{bmatrix}$$

$$= (a_1 - \bar{a})(b_1 - \bar{b}) + (a_2 - \bar{a})(b_2 - \bar{b}) + (a_3 - \bar{a})(b_3 - \bar{b})$$

$$= \Sigma(a_i - \bar{a})(b_i - \bar{b}) \tag{8.8}$$

となることもわかっています．ベクトルどうしのかけ算が式(8.6)で表わされ，また式(8.8)が成立する理由について述べるには，どうしても数ページが必要なので，ここでは省略させていただきます*．

ここでごらんいただきたいのは，式(8.7)の右辺に式(8.4)，式(8.5)，式(8.8)を代入した結果です．代入してみると

$$\cos\theta = \frac{\Sigma(a_i - \bar{a})(b_i - \bar{b})}{\sqrt{\Sigma(a_i - \bar{a})^2}\sqrt{\Sigma(b_i - \bar{b})^2}} \tag{8.9}$$

となります．この式を見てはっと思い当たることがありませんか．そうです．式(7.5)と照合していただければわかるように，右辺はA

---

* 内積の意味については『行列とベクトルのはなし』54〜62ページを参照してください．

子の得点とB子の得点の相関係数そのものなのです．

未知の因子を探り出す

長らくお待たせいたしました．やっと卓球やすもうが得意であることの因子を探る準備ができました．問題を思い出すために，恐縮ですが，235ページの表8.6をいちべつしていただけませんか．そして，「卓球が得意」と「すもうが得意」の相関係数が0.6であったことも思い出していただきましょう．

相関係数が0.6なのですから，「卓球が得意」のベクトルと「すもうが得意」のベクトルが作る角θの間には

$$\cos\theta = 0.6$$

の関係があるはずです．したがって

$$\theta = \cos^{-1} 0.6 \fallingdotseq 53° \tag{8.10}$$

であることがわかります．そして，卓球もすもうも得意が5人，苦手が5人なので，卓球とすもうの標準偏差は同じですから，ベクトルの長さは等しいはずです．したがって，両ベクトルの関係を図示すると図8.4のようになります．

私たちは，「卓球が得意」と「すもうが得意」とを支配する因子を見つけようとしているのでした．その因子が2つなのか3つなのか，あるいはもっと多いのか私たちにはわかりません．けれども因子が1つだけでないことは確かです．因子が1つだけなら，その

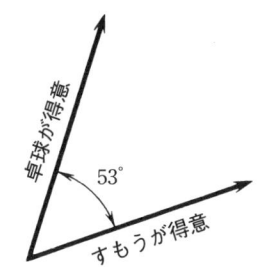

図8.4　両ベクトルの関係

因子が両ベクトルの方向を同時に支配してしまうのですから，両ベクトルが 53°もそっぽを向くわけがないではありませんか．

そこで，とりあえず 2 つの因子によって両ベクトルが支配されていると考えてみましょう．2 つの因子は互いに独立ですから，それぞれの因子を表わすベクトルは直交するにちがいありません．そこで，図 8.4 に直交座標を書き入れてみましょう．直交座標の原点はどこにおいてもいいのですが，「卓球が得意」と「すもうが得意」のベクトルの交点に合わせるのがすなおな処置というものでしょう．

また，座標軸の方向はどうかと考えるに，座標軸の 1 つがたとえば「卓球が得意」のベクトルとまったく同一方向であるのは困ります．同一方向ならその座標軸の因子だけによって「卓球が得意」の傾向が完全に支配されなければならず，そのような強烈な因子に私たちは思い当たらないからです．

そこで，2 つの因子を表わすベクトルの方向を「卓球が得意」と「すもうが得意」の方向から公平にずらして記入してみました．それが図 8.5 です．

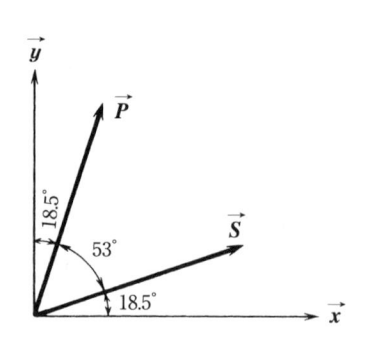

図 8.5 因子ベクトルとともに

図では，「卓球が得意」のベクトルを $\vec{P}$ で，「すもうが得意」のベクトルを $\vec{S}$ と書きましたが，$\vec{P}$ と $\vec{S}$ から公平にずれた位置に x 因子と y 因子とを表わす $\vec{x}$ と $\vec{y}$ が直交座標のように記入されています．さて，問題は x 因子と y 因子は何だろうか，ということです．この図を見ながら，いろいろと吟味してみましょう．

$\vec{x}$と$\vec{S}$の角度は$18.5°$ですから，x因子と「すもうが得意」なこととの相関係数は

$$\cos 18.5° \fallingdotseq 0.95$$

と非常に高い値を示しています．これに対して，x因子と「卓球が得意」との相関係数は

$$\cos(18.5° + 53°) \fallingdotseq 0.32$$

ですから，確かに正の相関は見られるものの，それほど強い相関ではありません．

逆にy因子と「卓球が得意」とは0.95という強い相関を示すいっぽう，「すもうが得意」とは0.32くらいの弱い相関しかありません．

そのうえ，x因子とy因子とが互いに独立で相関がないことも重要なヒントです．はて，x因子とy因子とは何でしょうか．これほどヒントが揃えば，x因子とy因子の見当はつきそうです．x因子は体力(パワー)，y因子は運動神経ではないでしょうか．

確かに，体格と筋力とに依存する体力と，脳細胞の情報処理能力と神経の情報伝達能力に依存する運動神経とは互いに独立であると考えられます．だから，体力がすもうとは0.95という強い正の相関を持つのに対して，卓球とは0.32程度の相関を持つにすぎないのも納得がいくし，また，運動神経が卓球とは0.95，すもうとは0.32の相関を持つのも妥当のように感じられます．こういうわけで，x因子は体力，y因子は運動神経と結論づけることにしましょう．こうして，2つの因子が見つかりました．

すもうと卓球の得意さに関係があり，すもうよりは卓球に強い影響力を持つのは運動神経，卓球よりすもうに強く影響するのは体力

というぐらい，相関係数やベクトルのお世話にならなくても常識でわかるなどと，いわないでください．ここでは説明の都合上，なるべくわかりやすい例を使いましたが，現実には常識では見当もつかないような場合に，このような手法を使うのです．たとえば，テレビのコマーシャル，新聞広告，電車内の吊り広告などいろいろな広告の効果を調べたデータから，広告の効果を決める因子は何だろうか，キャッチフレーズなのか，ブランド・マークなのか，企業カラーなのか，あるいはもっと別の因子なのか，というような複雑な問題に立ち向かうために使われるのです．

さて，十数行ばかり前に書いたように，「卓球が得意」のベクトル$\vec{P}$と「すもうが得意」のベクトル$\vec{S}$，それに体力と運動神経を表わす$\vec{x}$と$\vec{y}$との関係位置がうまく説明できたので，因子を推理する作業はとりあえず完結したのですが，もしもx因子とy因子だけでこれほど話のつじつまが合わなかったとしたらどうでしょうか．その場合は，さらに第3の因子があるのではないかと疑わなければなりません．因子が3つになるとx-y-zの3軸からなる立体座標が必要になります．立体座標内の空間に53°の角度に開いた$\vec{P}$と$\vec{S}$があり，それぞれがx軸，y軸，z軸と適当な角度を作り，その角度に対応した相関係数を持ち，その相関係数によって$\vec{P}$と$\vec{S}$およびx因子，y因子，z因子の関係がうまく説明できるような$\vec{P}$と$\vec{S}$の位置を見つけなければなりません．

理屈は因子が2つの場合と同じですが，とっても手間がかかります．因子が4つ以上になればなおのことです．それに互いに独立な因子が4つあれば4次元の空間を考えなければならず，それは3次元動物である私たちの想像を絶します．けれども，数学的には4次

元でも5次元でもへいちゃらです．そういう場合には，ベクトルのほかに行列*という数学的表現のお世話になればいいのです．行列を使えば4次元でも5次元でも何でもありません．そのうえ，行列はコンピュータと相性がよく，コンピュータの並外れた演算力や記憶力を活用できることも強みです．

主な成分を見つけ出す

話題が変わります．こんどはA子とB子が品定めに回るばんです．ただし，品定めする相手は男性ではありません．

　　　馬，ブタ，犬，ウニ，バッタ

に対して好きな順に5，4，3，2，1点を付けてもらいます．奇妙な作業ですがたいして手間はかかりませんから，やってもらいましょう．その結果は表8.9のようになりました．A子とB子の好みについて相関係数を計算してみると0.5になりますから，2人の好みには正の相関が認められるのですが，さあ，2人の好みを支配している要素は何でしょうか．

表8.9　奇妙な作業結果

	馬	犬	ブタ	バッタ	ウニ
A 子	5	4	3	2	1
B 子	5	2	4	1	3

---

* 行列はベクトルの発展したものと考えていいでしょう．興味のある方は『行列とベクトルのはなし』をどうぞ．

相関係数は0.5は，ベクトルどうしの角度に換算すると60°です．だからといって，A子のベクトルとB子のベクトルに60°の角度を持たせて描き，それに互いに直交する因子ベクトル2本を書き加えてみても，因子ベクトルの意味が読みとれません．なにしろ，A子ベクトルは「馬，犬，ブタ，バッタ，ウニの順で好き」ですし，B子ベクトルは「馬，ブタ，ウニ，犬，バッタの順で好き」なのですが，これらの並び方は大きさの順でもないし，かわいらしさの順でも，匂いの強い順でも，味がいい順でもなく，強いていえばA子ベクトルが走る速さの順を意味しているかな，と感じるくらいで，どうもよくわかりません．

どうもよくわからない理由は，60°もそっぽを向いているA子ベクトルとB子ベクトルの両方から一気にA子ベクトルとB子ベクトルを支配する因子を読みとってしまおうとするところにありそうです．そこで，A子ベクトルとB子ベクトルを混ぜ合わせてしまうことにしましょう．つまり，2次元のデータを1次元に圧縮してしまおうというのです．1次元のデータからなら，その意味するところが読みとりやすいでしょうから……．

A子もB子も1点から5点までの点数を付けているのですから，常識的にはA子ベクトルとB子ベクトルを同じ割合で混ぜ合わせればいいと思うのですが，その常識が正しい保証もないので，A子ベクトルとB子ベクトルを

$$a : b$$

の割合で混ぜ合わせることにしましょう．そうすると，各動物の得点の相対的な値は

馬の得点　　　$5a+5b$

犬の得点　　　$4a+2b$

ブタの得点　　$3a+4b$

バッタの得点　$2a+b$

ウニの得点　　$a+3b$

になることは明らかです．

　ここで，前にデータのばらつきが大きいほど情報量が多いと書いてあったのを思い出していただくと，私たちは，A子ベクトルとB子ベクトルを混ぜ合わせたデータになるべく多くの情報を取り込むように a と b とを決めるのが望ましいはずです．そこで，5種の動物たちに与えられた合成得点の分散を計算してみると，途中経過は各人で確かめていただくことにして

$$\text{分散} = 2(a^2 + ab + b^2) \tag{8.11}$$

という答が見つかります．この分散がなるべく大きくなるように a と b とを決めたいのです．もちろん a と b がどんどん大きくすれば分散はいくらでも大きくなりますが，いまは，分散がなるべく大きくなるような a と b の比を見つけたいのですから

$$a^2 + b^2 = 1 \tag{8.12}$$

という拘束条件を付けましょう．そうすると

$$\text{分散} = 2(1 + ab) \tag{8.13}$$

となりますから，結局，式(8.12)の拘束条件のもとで ab を最大にすればいいわけです．そこで

$$z = ab = a\sqrt{1-a^2} \tag{8.14}$$

とおき

$$\frac{dz}{da} = \sqrt{1-a^2} - \frac{a^2}{\sqrt{1-a^2}} = 0 \tag{8.15}$$

を解けば[*]

$$a = \frac{1}{\sqrt{2}}$$
$$\therefore \quad b = \frac{1}{\sqrt{2}} \tag{8.16}$$

が求まります．これがA子ベクトルとB子ベクトルの情報を最大に取り込むように両ベクトルを混ぜ合わせるための係数です．つまり，各動物に与えられる合成点数は

$$\frac{1}{\sqrt{2}}(\text{A子の点数}+\text{B子の点数})$$

なのですが，ここで図8.6を見てください．図からわかるように，これは，いままで「A子の点数」軸と「B子の点数」軸で作られる直交座標上に表わされていた各動物の得点を，原点を通る45°の直線上に投影して読みとっていることになります．

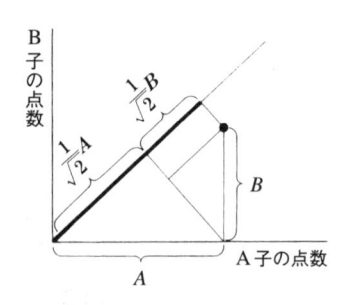

図8.6 それは座標軸が45°回転したこと

そこで，5種の得点を45°の直線上に投影してみたのが図8.7です．この45°の直線は，A子とB子に共通する得点の傾向をもっともよく表わしているので**第1主成分軸**というのですが，ごらんください．第1主成分軸の上では，A

---

[*] 最大値の求め方については『微積分のはなし(上)』50ページあたりを見てください．

8. 複雑さをばらす法　　　　　　　　　　　　　　　**251**

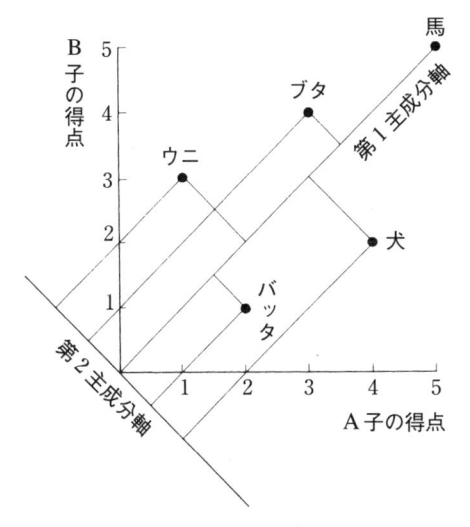

図8.7　主成分に分解すれば

子が付けた順序ともB子が付けた順序とも変わって

　　　馬，ブタ，犬，ウニ，バッタ

の順になっているではありませんか．これは明らかに「大きさ」の順です．A子とB子に共通した好みの成分は「大きさ」であるようです．

　それならなぜA子もB子も動物の大きさの順に点を与えなかったかというと，「大きさ」のほかにもA子とB子の好みに影響を与えている成分があるからです．この第2の成分は，第1の成分とは独立ですから，第2主成分軸は第1主成分軸と直交するように引けばいいはずです．図8.7には第2主成分軸も書き込んでおきました．

　見てください．第2主成分軸上では

　　　ウニ，ブタ，馬，バッタ，犬

の順になっています．これは何の順序でしょうか．思うに，敏速さの逆順ではないでしょうか．海水の中でもぞもぞと動くにすぎないウニよりはブタが，ブタよりは馬が敏速そうですし，馬はバッタのように右に左にとは動けませんからバッタの勝ち，犬はバッタをつかまえることもできるので犬がいちばん敏速ということになりそうです．したがって，第2主成分は「敏速さ」でしょう．ただし，A子は敏速なほうが好き，B子は敏速なほうが嫌いです．

こうして，さしもの難問にもケリがつきました．わけのわからないデータを支配している2つの成分を抽出することに成功したのです．このような手法を**主成分分析**といいます．主成分分析を因子分析とは非常に性格が似ています．だいいち，因子と成分の区別がよくはわかりません．いろいろと区別した説明もできないことはありませんが，だいたい同じものと考えておいても差し支えないでしょう．

多 変 量 解 析

因子分析や主成分分析をご説明するために使ってきたいくつかの例題は，いずれも簡単なものばかりでした．思考や計算の過程を理解していただくのが目的なので，なるべく例題を簡単にしたのです．けれども，実際にこれらの手法を使って分析しようとする問題は，一般にもっと複雑で大規模です．

たとえば，この章の立ち上がりで，5人の男性が4人の女性の外見に点数を付けたデータによって，男性諸君の女性に対する目のつけどころを因子分析しましたが，ほんとうに「男性諸君の女性に対

する目のつけどころ」を知りたいのなら，評価される女性の数も採点する男性の数ももっと増さなければなりません．その証拠に 231 ページの表 8.1 を子細に観察すると，いくつかの因子を取り除いた残りの部分は

	A 子	B 子	C 子	D 子
身　　　長	高　め	低　め	低　め	高　め
体　　　型	太　め	細　め	細　め	太　め
腰	張　腰	柳　腰	柳　腰	張　腰
色	白　め	黒　め	黒　め	白　め
髪	ちぢれ	すなお	すなお	ちぢれ

となっています．A子とD子の特徴が，またB子とC子の特徴がまったく同じなのです．これではA子とD子やB子とC子に強い正の相関があった場合，どの因子によって相関が生じているのかまるで見当がつかないではありませんか．こうならないためにはもっとたくさんの女性が評価されていて，たとえばK子は腰の因子がA子とD子と異なるだけなのにA子やD子とは相関が弱いからという理由で「腰」がクローズ・アップされるというように，特徴が縦横にからみ合っていなければなりません．

採点する男性の数も 5 人や 10 人では少なすぎます．5 人のデータによる相関係数 0.85 や -0.6 がどれほど信用できないものであるかは 218 ページの図 7.5 からも明らかです．実際に「男性諸君の女性に対する目のつけどころ」を調べて，マネキンのデザインや女性を使った広告などに利用しようとするなら，評価される女性は 20～30 人くらい，採点する男性は 100 人くらいはどうしても必要です．

そのうえ，因子の候補も8項目ばかりではなく脚線だとか，肩の形だとかも必要でしょうし，特徴も「高め，低め」の2段階ではなく「高め，中背，低め」の3段階に分類したほうがいいかもしれません．

スポーツの能力を左右する因子を見つける場合だってそうです．例題では卓球とすもうの相関から，これらを左右する因子は体力と運動神経だと割り切った答を出しましたが，科学的なスポーツのコーチ法を開発するために因子分析をするなら，卓球とすもうのほかにも取り上げなければならないスポーツがたくさんあるはずです．多種のスポーツと大勢の回答者の組合わせでデータを作り因子分析をすれば，体力と運動神経のほかに気力とか食生活というような因子が見つかるかもしれないし，体力も瞬発力と持久力とに分けたほうがうまく説明がつくかもしれません．

馬，犬，ブタ，バッタ，ウニの5種に対する好き嫌いを例題とした主成分分析も，第1主成分軸が$45°$のほうを向くように仕組んであったので比較的らくに解けましたが，現実問題を分析する場合には$45°$のほうを向くとは限りません．

いずれにせよ，因子分析や主成分分析などが現実に利用される場合の特徴は，おそろしいほど複雑にからみ合った変量を相手にするところにあります．いや，そうではありません．私たちを取り巻く社会現象や自然現象の中にはたくさんの変量が複雑にからみ合っているために，何が本質的な因子なのか，主要な成分が何なのかが，わからなくなっている場合が少なくありません．そういう場合，多種多様な変量のしがらみの中に埋もれてしまっている本質的な因子や成分を見出すための切り札として開発されてきたのが因子分析法

何が本質かを見きわめるための眼鏡……それが多変量解析

や主成分分析法なのです.

そういえば,私たちは相関というものを2つの変量の間に存在する関連の強さと理解してきましたが,現実の問題としては相関が2つの変量の間にだけ存在するわけではありません. 3つ以上の変量にまたがった相関も少なくないのです. 一家の貯金額は主人の収入だけとの間に相関があるのではなく,家族の数や車の有無などとの間にも相関があるようにです.

そうすると,回帰直線もいつも1本とは限りません. 収入と貯金額の関係を示す回帰直線や家族数と貯金額を回帰する直線があってもおかしくないからです.

さらには,たとえばたくさんの女性について身長,体重とバスト,ウエスト,ヒップの測定データがあるようなとき,それらどうしの相関係数や回帰直線を求めたのではあまり意味がなく,その前に年齢や出産経験の有無によってデータを分類してから相関や回帰の作

業にはいる必要があるかもしれません．つまり，相関とか回帰とか以前に，それらを支配する本質的な因子や成分をなんとか見出さなくてはならないことも少なくないのです．

このように，私たちを取り巻く現象は多くの変量がごちゃごちゃに入り乱れているのですから，これらを整理して本質的なものを抽出していくには，それ相応の手法が必要です．その手法を総称して**多変量解析**と呼びます．因子分析や主成分分析も多変量解析の手法の一部です．そして，3つ以上の変量にまたがる相関や回帰分析なども多変量解析に含めてもいいでしょう．

数量化の技術へ

話の順序があっちゃこっちゃして申しわけないのですが，A子とB子に馬，犬，ブタ，ウニ，バッタに好きな順序を付けてもらったときのことを思い出していただきたいのです．そのときには，A子にもB子にも好きなほうから5，4，3，2，1の点数を付けてもらいました．つまり，A子とB子の意見が同じ強さで効くようにしてあったのです．そのために

$$\text{分散} = 2(a^2 + ab + b^2)$$ (8.11)と同じ

をなるべく大きくするようにするにはA子軸とB子軸のちょうど中間の方向に主成分軸を引けばよいとなったのでした．

けれども，かりに，A子には好きなほうから10，8，6，4，2点を付けさせ，B子には5，4，3，2，1点を付けさせることにしたらどうでしょうか．ちょっと計算してみると

$$\text{分散} = 2(4a^2 + 2ab + b^2)$$

となり，これが最大になるように a と b とを決めたいのですが，そのときの拘束条件としては，やはり

$$a^2 + b^2 = 1 \qquad (8.12) と同じ$$

を選ぶべきなのでしょうか．それとも

$$4a^2 + b^2 = 1$$

とすべきなのでしょうか．

いや，その前に，A子には10，8，6，4，2点を付けさせ，B子には5，4，3，2，1点を付けさせるとは，何を意味するのでしょうか．そういえば，この章の立ち上がりで5人の男性に4人の女性を3点，2点，1点で評価させたとき，ある男性は女性に甘く（3，2，3，2）と採点し，他の男性は女性に辛く（2，1，2，1）を付け，別の男性は3，2，1をぜんぶ使って（1，3，2，3）としていたのですが，この場合，各男性の発言力は同じなのでしょうか．もっといえば，主観的な点数を付けるとき，3，2，1のような等差級数で採点しなければいけないものなのでしょうか．

実は，このへんが大問題なのです．ここが怪しいと，あとの計算がいくら精密であっても意味がありません．そこで，この大問題に挑戦しようというのが次の章の「数量化の技術」になるという筋書きです．

ひとやすみ

9. なんでも数字で表わす法

―― 数量化のはなし ――

なんでも1次元に圧縮する

　現代の社会は，数字に明け数字に暮れています．私たちの現代の社会では数字を媒介にしてすべての歯車が回っているといっても，いいすぎではないでしょう．ところが，これだけ社会の運行に支配力を持つ数字にも，ほとんど歯が立たない強敵があります．愛の強さとか悲しみの深さなど感覚的で主観的なものを数字で表わすことが非常にむずかしいのです．考えようによっては，愛とか悲しみなど情緒的なものは数字で表わせないことが，現代社会にえもいわれぬ潤いをもたらし，数字だけでつじつまの合う無味乾燥な社会を救っているのかもしれません．

　いっぽう，自然科学や社会科学は数字を縦横に駆使しながら，人類に衣食住を安定して供給し，天災や疫病から生命を守り，労働を軽減し，娯楽を与え，人類を繁栄させるためにすばらしい成果を上げてきました．いうなれば，自然科学や社会科学は数字を武器に使

いながら人類に幸福をもたらす努力を傾注してきたのです.

けれども,「幸福」とは何でしょうか. 衣食住が快適なこと, 生命や財産を脅かす天災や疫病から保護されること, 苛酷な労働から解放され適度に娯楽を楽しむことなども確かに幸福を支える因子ではありますが, これだけでは完全に「幸福」を説明できるわけではありません. このほか, 愛情とか優越感とか性的な満足とか,「幸福」に大きな影響を与えそうな因子がごまんとあります.

科学は「幸福」を追求し実現するための有用な手段です. けれども, 科学は数字という武器なしではほとんど成り立たないし, 科学が追求する「幸福」は数字では歯が立たない因子の上に築かれる……, これには困ってしまいます. 科学が「幸福」を追求し実現する有用な手段としての使命を果たすためには, 数字で表わすことが困難な多くの事象を, まず数字で表わすことからはじめなければならないのです.

こういうわけで, 近年になって, いままで数字では表わせなかった事象を, とにかく数字で表わそうという研究が活発に行なわれ, いわゆる「数量化の技術」として脚光を浴びはじめました. そこで, この章では数量化の技術をざっと眺めてみようと思います. データが物語るほんとうの意味を解明し, 数字を使いこなしていこうという統計解析にとって, データの誕生の秘密をにぎる「数量化の技術」はいちばんに関心を寄せなければならないはずですから.

数量化の技術の中でいちばん簡単なのは3段階評価法や5段階評価法です. **3段階評価**は, たとえば, ものごとを

　　　好き, 好きでも嫌いでもない, 嫌い

のような3段階で評価し, それに

3,　　2,　　1

の点数か，あるいは

　　　1,　　0,　　−1

のような点数を与えて数量化しようというのですし，**5段階評価**は

　　　好き，やや好き，どちらでもない，やや嫌い，嫌い

の5段階に分け

　　　5,　　4,　　3,　　2,　　1

または

　　　2,　　1,　　0,　　−1,　　−2

の得点を与えることによって数量化する手法です．

　実をいうと，好きとか嫌いとかの感情は単純な一直線上に並んでいるわけではありません．だれの言葉だったか忘れましたが「私が彼女を好きだと思っているのに，彼女が私に無関心なのは，なんと切ないことだろうか．彼女が私を嫌いだと思っていてくれれば，まだなんとかなるだろうに」という趣旨のものがありました．これは「好き」と「嫌い」は近いところにあり，「好きでも嫌いでもない」が遠く離れていることを示しています．

　これほどではないにしても，ひとくちに「好き」といっても，外見にはぞっこん惚れ込んでいるが中身にはそれほどでもないのや，その逆や，低音の魅力にすっかり参っているのや，さまざまです．これらのさまざまな変量を無視して，えいやっと一直線上に「好き」から「嫌い」まで配列してしまうのですから，主成分分析をして，第1主成分軸の上で配列の順序を決めていることになります．このように，なんでも一直線上に1次元化してしまうところが，「数量化の技術」の特徴でもあります．

愛すべき5段階評価

 5段階評価は，実は，なかなか優れた特長を持っています．第1の特長は「どちらでもない」を中心にして左右に同じ強さで目盛を付けてありますから，評価をするときの座標原点が明確で採点しやすいことです．

 第2の特長は，5段階という分類の数が私たちの日常感覚とよくなじむことです．学者の中には5段階という粗い区分では満足できず

　　　とてつもなく，もっとも，とびきり，きわめて

　　　　　── 中略 ──

　　　ちょっと，少し，いくらか

など43段階にも区分して研究している奇特な先生もおられるそうですが，「とびきり」と「きわめて」や「ちょっと」と「少し」を正確に区分して使いわけるのは，むずかしいように思えます．このむずかしさは，「きわめて」でしょうか「とびきり」でしょうか．まあ，私たちの日常感覚としてむりのない区分は数段階のように思われます．

 かといって，3段階区分ではやや粗すぎる感じを免れません．にぎり寿司でも松，竹，梅の3段階ではもの足らず特上のメニューを追加していますし，列車にも普通，準急，急行，特急の4段階があるくらいですから，3段階では不じゅうぶんです．やはり，5段階くらいがぴったりなのです．

 第3の特長は，つぎのとおりです．かつて小学校や中学校では生徒の学業成績に5段階評価を採用しているところが少なくありませんでした．その場合，無制限に5点や4点を与えるのではなく

5点　クラスの約　7%
4点　クラスの約 24%
3点　クラスの約 38%
2点　クラスの約 24%
1点　クラスの約　7%

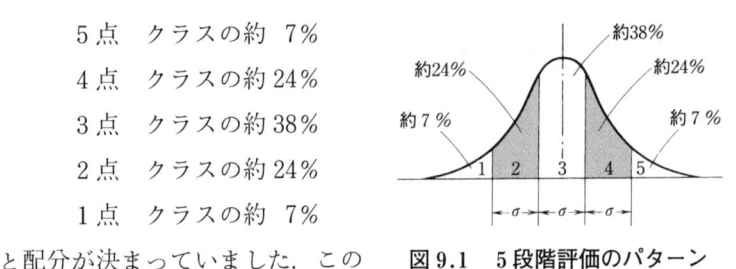

図 9.1　5 段階評価のパターン

と配分が決まっていました．この配分がどのような意味を持つかは図 9.1 のとおりです．すなわち，評価の対象の品質が正規分布するとみなし，平均値をまたいだ 1σ の区間に属する品質には平均的な点数としての 3 を与え，それより良質の側に 1σ の区間をとって，その区間に属する品質には 4 点を与え，さらにそれよりも優れた品質には 5 点を与えるわけです．品質が劣る側にも同様に区間を定めて，2 点と 1 点を与えることを約束します．厳密にいえば 5 点の区間は正規分布の右すそのほうへ無限に広がっているのですが，4 点の区間に隣接して 1σ の幅をとると，それよりも右側にはみ出す面積は 1% にも満ちませんから，現実問題としては 5 点の区間も 1σ の幅であると考えてもいいでしょう．1 点の区間についても同じです．そうすると，この点数配分による 5 段階評価では，品質を等間隔に区切った目盛によって測定していることになります．評価の対象を等間隔の目盛によって測定するのは，長さや重さや時間などの測定と同じですから**線形*** が保たれた合理的な測定であるということができます．

---

*　線形の意味については『微積分のはなし(下)』113 ページ，または『行列とベクトルのはなし』233 ページを参照ねがいます．

おもしろいことに，私たちが何かを5段階で採点すると，無意識のうちに，この点数配分の比率に従う傾向があります．その証拠に，同級生全員を

　　　好き，やや好き，どちらでもない，やや嫌い，嫌い

に区分して採点してみてください．あなたが博愛主義者なら少々「好き」のほうに偏るかもしれませんし，人間嫌いなら「嫌い」のほうに偏るかもしれませんが，ならしていえば，5，4，3，2，1点が7%，24%，38%，24%，7%に近い比率で配分されてしまうことに気がつくでしょう．

また，こんな例はどうでしょうか．ビジネスマンが余暇に楽しむ程度のゴルフなら，スコアが90を切れば「きわめて満足」の域にはいりますし，101〜110で1ラウンドを回ればまあまあと思わなければなりません．そこで表9.1のようにスコアを等間隔の目盛で5段階に分けてみました．どうですか，たいていの職場のアマチュア・ゴルファーでは5点を与えられそうな人は7%くらい，4点らしい人は24%くらい……ではありませんか．

表9.1　ゴルフ・スコアの5段階評価

スコア	評　価	得　点
〜 90	きわめて満足	5
91〜100	や　や　満　足	4
101〜110	ふ　つ　う	3
111〜120	や　や　不　満	2
121〜	きわめて不満	1

やはり，5段階評価を使うと品質を等間隔に区切って採点する傾向があるようです．これが5段階評価の3番めの特長です．

このように，5段階評価はなかなか優れた特長を備えていますから，適当な数量化の方法がないときには，あまり迷わずにお使いになっていいでしょう．

ウエイトづけの初歩

前節では5段階評価が単純な割に優れた特長を持った数量化であると書きました．けれども，5段階評価や3段階評価には大きな欠点が1つだけあります．それは，互いに独立な多くの変量が作り出す多次元空間内の位置として評価されるべき対象を，しゃにむに1次元に圧縮してしまうのですが，その過程が直観だけに頼っており，あまり科学的でないことです．そこで，この章では直観的にではなく科学的に1次元化する手法をご紹介していこうと思います．

記憶もはっきりしないくらいの昔，こんな映画がありました．潜水艦が故障かなにかで沈没し，何十人かの乗組員がその中に閉じ込められてしまったのです．故障が直って海面に浮上できる希望はまったく絶たれ，このままでは酸素欠乏のため数時間後には全員の死亡が確実です．幸か不幸か潜水艦には非常の場合に備えて脱出装置が付いているのですが，その装置では数名の乗組員が脱出できるにすぎません．あとの乗組員は文字どおり座して死を待つより術がないのです．

艦内では予想どおり，だれが脱出のチャンスを与えられるか大問題となりました．ある兵士は，私には妻も幼い子供もいるからぜひ私をというし，他の兵士は，私はまだ若く長い人生が残っているのだからといい，別の兵士は，私はほかの人たちより長く兵役に服務

9. なんでも数字で表わす法

してきたのだから優先的に脱出する権利があると主張して，収拾がつきません．

映画ではもちろん，艦長がヒューマニズムに富む英雄的な決断を下したのだったと思いますが，なにせ，昔の話ですから，その結末を覚えていないのが残念です．そこで問題は，私たちが艦長だったとしたら脱出の優先順位をどのように決めたらいいかということです．つまり，扶養家族の有無と，若さと，いままでの功績とのからみ合いを，脱出の優先順位という1次元の値に数量化する方法やいかに……というのが，この節の問題です．なんせ，この章は映画評論でなく，数量化がテーマですから．

私が艦長なら，つぎのようにします．もちろん，冷静な判断を要し，しかも手数のかかるこのような作業を非常事態が発生してからやるのでなく，平穏なときに仕上げておくのです．

まず，年齢を「若」と「老」に分類します．現実の作業ならもっときめ細かく，10代，20代，30代，40代と分類するのですが，いまは考え方をご紹介するのが目的ですから，大ざっぱに2分割しておきます．

また，扶養家族については「有」と「無」とに分類し，さらに，勤務年数を「長」と「短」に分類しましょう．これも現実の問題に適用する場合にはもっときめ細かく分類することはもちろんです．

整理すると

$$\text{年齢}\begin{cases}\text{若}\\\text{老}\end{cases} \quad \text{扶養家族}\begin{cases}\text{有}\\\text{無}\end{cases} \quad \text{勤務年数}\begin{cases}\text{長}\\\text{短}\end{cases}$$

に区分したことになります．問題は，たとえば「若，無，長」の男と「老，有，短」の男とを比較する場合，若さにウエイトをおけば

前者，扶養家族の有無にウエイトがあれば後者，勤務年数にウエイトを付ければ前者を優先的に脱出させることになるのですが，これらのウエイトをどのような割合で配分するのが正しいかということです．

このウエイトを算出するには，まず，勤務年数のことは頭からきっぱりと追放して，年齢と扶養家族についてだけ比較します．年齢と扶養家族の有無についての組合せは

　　　若・有，　若・無，　老・有，　老・無

の4とおりですから，これら相互間の優先順位を冷静に判断するのです．年齢は若いほうを，扶養家族は有るほうを優先させるという思想であれば，いちばん迷うのは1人しか脱出できないとき

　　　若・無　と　老・有

のどちらに脱出の権利を与えるかということです．冷静に考え，それでも心が定まらなければ常識豊かな知人の助けも借りて，どちらかに軍配を上げてください．ここでは「老・有」に軍配を上げたとしましょう．

これさえ決めればあとは簡単です．だれがやっても表9.2の上段のようになるでしょう．○は脱出させることを，×は脱出させないことを表わしましたから，「若・有」はすべてに優先して脱出が許されるし，「若・無」は「老・無」より優先しますが「若・有」と「老・有」よりはあとに回されるというように表を読むのです．こうして，「若・有」，「若・無」，「老・有」，「老・無」相互間のすべての組合せについて，脱出させるグループと脱出させないグループとに分割することができました．このように2つのグループにはっきりと分けてしまうのがこの手法の特徴なのです．

表9.2 こうしてウエイトを算出する

勤務年数を無視

	若・有	若・無	老・有	老・無	点　数
若・有	—	○	○	○	3
若・無	×	—	×	○	1
老・有	×	○	—	○	2
老・無	×	×	×	—	0

若＝4，老＝2，有＝5，無＝1

扶養家族の有無を無視

	若・長	若・短	老・長	老・短	点　数
若・長	—	○	○	○	3
若・短	×	—	×	○	1
老・長	×	○	—	○	2
老・短	×	×	×	—	0

若＝4，老＝2，長＝5，短＝1

年齢を無視

	有・長	有・短	無・長	無・短	点　数
有・長	—	○	○	○	3
有・短	×	—	○	○	2
無・長	×	×	—	○	1
無・短	×	×	×	—	0

有＝5，無＝1，長＝4，短＝2

　この作業が終わったら，表のように○の数だけ点数を与えます．そして，「若・有」に与えられた3点は「若」にも3点，「有」にも3点が与えられたと解釈します．そうすると，上段の表で「若」には「若・有」の3点と「若・無」の1点が与えられていますから合計4点を得たことになります．同じように，「老」には2点，「有」

には 5 点,「無」には 1 点が与えられていることがわかります. それが表 9.2 の下に書いてあります.

つぎに, 扶養家族のことを頭から追放して無視し, 年齢と勤続年数の長短との組合せについて同様な作業を行ないます. その結果, 表 9.2 の中段の表ができました.

さらに, こんどは年齢を無視して, 扶養家族の有無と勤務年数の長短との組合せについて同様な作業を行ない, 表 9.2 の下段のような表を作ってください. これで作業は終了です. この 3 つの表から, それぞれの点数を集計すると

若＝4＋4＝8,　　　老＝2＋2＝4
有＝5＋5＝10,　　無＝1＋1＝2
長＝5＋4＝9,　　　短＝1＋2＝3

となり, すべてのウエイトが求まりました. あとは, 乗組員の各人について脱出の優先順位を判定すべき得点を計算すればいいだけです.

表 9.3 は, 3 人の乗組員について得点を求めている例です. 勤務年数は長いけど年をとっており扶養家族もない A 曹長には 15 点しか与えられず, 勤務年数は短いけれど年は若く扶養家族もある B 二等兵には 21 点が与えられるということになります.

表 9.3　各人の得点を求める

アイテム	年齢		扶養家族		勤務年数		得点
カテゴリー	若	老	有	無	長	短	
ウエイト	8	4	10	2	9	3	
A 曹長		✓		✓	✓		15
B 二等兵	✓		✓			✓	21
C 軍曹		✓	✓			✓	17

こうして，もともと「年齢」と「扶養家族」と「勤務年数」の座標軸が作りだす3次元空間の中に位置づけられる各人の条件を1次元の点数として数量化することに成功しました．実をいうと，いまの例は，第2次世界大戦が終了したとき世界に派遣していた米軍の兵士たちをどのような優先順位で帰国させるかの問題に対して，ガットマンという人が発案した方法をもじったものですが，当時としては画期的な発想だったようです．

基準が数値で与えられたら

つぎのテーマに進みます．結婚と並んで就職は各人の人生を大きく左右します．いっぽう，企業側からみても従業員の質が企業の浮沈を左右しますから，どうすれば入社試験で優れた人材が識別できるかが重要な関心事です．ところが，入社試験の成績と入社後の活躍ぶりとは必ずしも比例せず，学科試験の成績は良かったのに入社後は芳しい成績を上げない社員がいるので，人材の選別に迷ってしまいます．いったい，入社試験では学科試験と面接試験のウエイトをどう配分したらいいでしょうか．また，できれば学科試験の成績から入社後の活躍ぶりを予測する式を作りたいのですが……．

そこですでに入社していて入社後の実績が評価されている従業員について，入社試験のときの成績を調べてみました．それが表9.4です．さすがに入社を許されただけあって，少なくとも学科か面接のどちらかは優をとっている連中ばかりです．ほんとうは，たった5人ばかりでは少なすぎるし，入社試験の成績も5段階かせめて3段階くらいには分類したいところですが，ここでは，手計算で容易

表 9.4　これだけのデータがある

	学 科 試 験	面 接 試 験	入社後の実績
甲	優	優	5
乙	優	優	3
丙	優	並	1
丁	並	優	4
戊	並	優	2

に確認していただけるよう，簡単にしてあります．さて，この結果から学科試験と面接試験のウエイトを見出すにはどうしたらいいでしょうか．

まず，学科と面接の成績のウエイトを

$$\text{学科}\begin{cases}\text{優}\ x_1\\ \text{並}\ x_2\end{cases}\quad \text{面接}\begin{cases}\text{優}\ y_1\\ \text{並}\ y_2\end{cases}$$

とおきましょう．そうすると，たとえば甲は，入社試験時に

$$x_1+y_1+c\quad(=e_i)$$

という能力があると予測されていたはずであり，期待に応えて5点という立派な実績を上げてきたのに対して，乙も甲と同じ能力があると期待されながら実績は3点にとどまっているということになります．これを一覧表にしたのが表9.5です．なお，予測値 e_i にいっせいに加算されている c は，実績の評価が5点法でも10点法でも対応できるように配慮したもので，この例では実績 d_i の平均値が3ですから

$$c=3 \tag{9.1}$$

です．もし実績の平均がゼロになるように，2，0，-2，1，-1 と採点してあれば c はゼロになります．

表9.5 ウエイトを求める手がかり

アイテム	学科		面接		予測値 e_i	実績 d_i
カテゴリー	優	並	優	並		
ウエイト	x_1	x_2	y_1	y_2		
甲	√		√		x_1+y_1+c	5
乙	√		√		x_1+y_1+c	3
丙	√			√	x_1+y_2+c	1
丁		√	√		x_2+y_1+c	4
戊		√	√		x_2+y_1+c	2

さて，x_1, x_2, y_1, y_2 を決めるに当たっては，予測値 e_i と実績 d_i との差が総合して最小になるようにしてやるのが賢明な策というものでしょう．そのためには，229 ページですでになじみの最小 2 乗法を使えばいいはずです．すなわち

$$\sum (d_i-e_i)^2 \quad (\text{これを} Y \text{とします})$$

を最小にしてやりましょう．

計算にはいります．

$$Y=\sum (d_i-e_i)^2$$
$$=(5-e_\text{甲})^2+(3-e_\text{乙})^2+(1-e_\text{丙})^2+(4-e_\text{丁})^2+(2-e_\text{戊})^2 \tag{9.2}$$

ここで

$$e_\text{甲}=e_\text{乙}=x_1+y_1+3$$
$$e_\text{丙}=x_1+y_2+3$$
$$e_\text{丁}=e_\text{戊}=x_2+y_1+3$$

を代入して整理をします．式の計算はやさしいのですが行数をやたらに使うので，途中経過を省略すると

$$Y = 10 - 4y_1 + 4y_2 + 3x_1^2 + 2x_2^2 + 4y_1^2 + y_2^2$$
$$+ 4x_1y_1 + 2x_1y_2 + 4x_2y_1 \tag{9.3}$$

となります．つづいて 227 ページのときと同様に Y を x_1, x_2, y_1, y_2 で偏微分します．

$$\left.\begin{array}{l}\dfrac{\partial Y}{\partial x_1} = 6x_1 + 4y_1 + 2y_2 \\[6pt] \dfrac{\partial Y}{\partial x_2} = 4x_2 + 4y_1 \\[6pt] \dfrac{\partial Y}{\partial y_1} = -4 + 8y_1 + 4x_1 + 4x_2 \\[6pt] \dfrac{\partial Y}{\partial y_2} = 4 + 2y_2 + 2x_1\end{array}\right\} \tag{9.4}$$

これら4つの式をゼロに等しいとおいて整理すると

$$\left.\begin{array}{l}3x_1 \quad\quad + 2y_1 + y_2 = 0 \\ \quad\quad x_2 + y_1 \quad\quad = 0 \\ x_1 + x_2 + 2y_1 \quad\quad = 1 \\ x_1 \quad\quad\quad\quad + y_2 = -2\end{array}\right\} \tag{9.5}$$

となりますから，これを連立して解けば

$$\left.\begin{array}{l}x_1 = 0, \quad x_2 = -1 \\ y_1 = 1, \quad y_2 = -2\end{array}\right\} \tag{9.6}$$

が解の1つであることがわかります．

こうして，すべてのウエイトが求まったのです．甲と乙の予測値は

$$e_甲 = e_乙 = x_1 + y_1 + 3$$
$$= 0 + 1 + 3 = 4$$

ですから，甲は予測値より1点だけ活躍し，乙は1点だけ不成績に終っています．また，丙は

$$e_丙 = x_1 + y_2 + 3 = 0 - 2 + 3 = 1$$

ですから，予測値どおりの活躍しかできなかったことになります．

かりに，学科も並，面接も並の男を採用したら，どのくらいの活躍が期待できるでしょうか．予測値は

$$e = x_2 + y_2 + 3 = -1 - 2 + 3 = 0$$

ですからゼロ点です．

この節では，学科と面接の成績という2次元の能力を1次元の点数として数量化してきたのですが，いまの例の特徴は，能力について5，4，3，2，1，0という外的な基準が与えられているところにあります．こういう場合の数量化を**数量化Ⅰ類**と呼ぶことがあります．

NHKではこの手法をテレビ番組の視聴率の分析に活用したという話を聞いたことがあります．すなわち，視聴率がわかっている過去の番組について，放送の時間帯，曜日，放送内容，裏番組の内容，前番組の内容，後番組の内容の6アイテムを取り上げ，各アイテムを7～26カテゴリーに分けて，カテゴリーごとの視聴率に及ぼす効果を分析したそうです．こうして6次元空間で決まる視聴率を1次元に数量化しておけば新番組の視聴率も放送前に予測できようというものです．

基準が分類で与えられたら

数量化Ⅰ類があるくらいですから，**数量化Ⅱ類**があるにちがいな

いと期待された方は，当たり．／です．数量化Ⅰ類では外的な基準が数値で与えられているところが特徴でしたが，外的な基準が分類でしか与えられていないときのために数量化Ⅱ類があります．たとえば……．

入社試験を受ける側に立ってみましょう．彼にとって受験の結果は「合格」か「不合格」しかありません．つまり，外的な基準としては「合格」と「不合格」の2分類しか与えられていないのです．そこで，ある会社の入社試験の実績を調べてみたのが表9.6です．6人の受験者のうち3名が合格して採用され3名が落ちているのですが，6名の入社試験の成績は表に記入したとおりです．乙と丙はともに学科は優，面接は並なのに乙は採用され丙は落ちていますし，丁と戊はともに学科は並で面接は優なのに丁は合格し戊は不合格となっていて，なぜだろうかと首をかしげます．きっと隠れた事情があるのでしょうが，それは知るよしもありません．

そこで，x_1, x_2, y_1, y_2 にウエイトづけをして今後の志願者が合否の予想をたてやすいようにしておこうと思います．ウエイトづけ

表9.6 データはこれだけ

アイテム	学	科	面	接	
カテゴリー	優	並	優	並	合 否
ウエイト	x_1	x_2	y_1	y_2	
甲	✓		✓		○
乙	✓			✓	○
丙	✓			✓	×
丁		✓	✓		○
戊		✓	✓		×
己		✓		✓	×

の名案を見つけてください．合格できる点数のグループと不合格になる点数のグループをはっきりと区別できるようなウエイトづけが望ましいはずですが……．

まず，手当たり次第に

$$\left.\begin{array}{ll} x_1=3, & x_2=0 \\ y_1=2, & y_2=1 \end{array}\right\} \quad (9.7)$$

としてみましょうか．そうすると

$$\left.\begin{array}{l} \text{合格のグループ} \left\{\begin{array}{l} 甲=3+2=5 \\ 乙=3+1=4 \\ 丁=0+2=2 \end{array}\right. \\ \text{不合格のグループ} \left\{\begin{array}{l} 丙=3+1=4 \\ 戊=0+2=2 \\ 己=0+1=1 \end{array}\right. \end{array}\right\} \quad (9.8)$$

ですから，全員の平均は 3 であり，また

合格グループの平均 $=11/3$　　（$\bar{○}$ としましょう）

不合格グループの平均 $=7/3$　　（$\bar{×}$ としましょう）

となっています．

さて，私たちは合格グループと不合格グループをしっかりと区別したいのでした．そのためには，6 人の点数のばらつきに対して $\bar{○}$ と $\bar{×}$ との差が目立たなければなりません．したがって，$\bar{○}$ と $\bar{×}$ の分散と全員の分散の比が大きいほど巧みなウエイトづけに成功しているとみなせるはずです．

いまの例について計算してみると

$$\bar{○} と \bar{×} の分散 = \frac{1}{2}\left\{\left(\frac{11}{3}-\frac{9}{3}\right)^2+\left(\frac{7}{3}-\frac{9}{3}\right)^2\right\} = \frac{4}{9}$$

$$全体の分散 = \frac{1}{6}\{(5-3)^2 + (4-3)^2 + \cdots + (1-3)^2\} = 2$$

ですから

$$\frac{\overline{\bigcirc}と\overline{\times}の分散}{全体の分散} = \frac{2}{9} \tag{9.9}$$

となります．この比は**相関比**と呼ばれる値で，相関比は 0 ～ 1 の値を示し，1 に近いほど 2 つのグループがはっきりと分離していることを表わしています．私たちが，手当たり次第にウエイトづけをしたところでは，相関比は 2/9 という低い値になってしまいましたから，じょうずなウエイトづけに成功しているとはいえません．

それでは，相関比が最大になるようなウエイトを見つけるにはどうしたらいいのでしょうか．それには

$$
\begin{aligned}
合格のグループ &\begin{cases} 甲 = x_1 + y_1 \\ 乙 = x_1 + y_2 \\ 丁 = x_2 + y_1 \end{cases} \\
不合格のグループ &\begin{cases} 丙 = x_1 + y_2 \\ 戊 = x_2 + y_1 \\ 己 = x_2 + y_2 \end{cases}
\end{aligned} \tag{9.10}
$$

とおき，根気のいる計算をしこしこと繰り返して

$$相関比 = \frac{\overline{\bigcirc}と\overline{\times}の分散}{全体の分散}$$

を求め，これを x_1, x_2, y_1, y_2 で偏微分した式のそれぞれをゼロに等しいとおき，これら 4 つの方程式を連立して解いて x_1, x_2, y_1, y_2 を求めるのです．この計算は，それほどむずかしくはありませんが，長ったらしい式が延々と続いたあげくに高次方程式を連立し

て解いたりしなければなりませんので，筆算によるとらくに数ページを費やしてしまいます．そこで，途中経過を省略して結論だけを書きますと*

$$\left.\begin{array}{l} x_1-x_2=y_1-y_2 \\ \quad \text{ただし}, \ x_1 \neq x_2, \ y_1 \neq y_2 \end{array}\right\} \quad (9.11)$$

となります．ずいぶん平凡な答になってしまいました．たとえば

$$\left.\begin{array}{ll} x_1=1, & x_2=0 \\ y_1=1, & y_2=0 \end{array}\right\} \quad (9.12)$$

として計算してみてください．

　　合格グループの点数　＝[2, 1, 1]

　　不合格グループの点数＝[1, 1, 0]

ですから

$$\text{相関比}=\frac{1}{3} \quad (9.13)$$

となるはずです．あまり高い相関比ではありませんが，いまの例ではこれが精いっぱいなのですからしかたありませんし，それに，さきほど手当たり次第にウエイトづけをしたときの相関比 2/9 をかなり上回っているのですから，一応は満足しなければなりません．

このようにウエイトづけすれば，この会社に採用された人たちの平均点は 4/3，落ちた人たちの平均点は 2/3 と数量化することができます．志願者は，これを目安にして当落の予想をすればいいでしょう．

---

* 計算過程の要点は付録5（293ページ）にあります．

基準がなくても

外的な基準が数値で与えられているときには数量化Ⅰ類の手法が,基準が分類で示されているなら数量化Ⅱ類の手法が使えるのでした.では,外的な基準がまったく与えられていない場合はどうなるのでしょうか.

たとえば……表9.7の上段をごらんください.A子からE子までの5人の女性に,チューリップ,アサガオ,ツクシ,バラのうち好きな花に✓印を付けてもらった結果です.ツクシは花ではないぞ,などと野次らないで数量化の問題として取り組んでいただきましょう.つまり,A子からE子の5人には「どのような花を好むか」という観点から1次元的な順序を付けてもらいたいし,チューリップなど4種の花には「どういう女性に愛されるか」という観点から順序を付けてもらいたいのです.

表9.7 意外な事実

こういうデータがある

女性＼花	チューリップ	アサガオ	ツクシ	バラ
A 子	✓			✓
B 子	✓		✓	
C 子	✓	✓		
D 子				✓
E 子		✓	✓	

行と列を配置換えすれば

女性＼花	ツクシ	アサガオ	チューリップ	バラ
D 子				✓
A 子			✓	✓
C 子		✓	✓	
B 子	✓		✓	
E 子	✓	✓		

表9.7の上段を見ている限りでは，5人の女性がてんでんばらばらに各人の好みに合った花を愛しているらしいことしかわからず，数量化の手がかりがつかめません．そこで，行や列をいろいろに入れ換えて似た傾向どうしを近づけてみます．きっと表9.7の下段の表を得るのにものの数分とはかからないでしょう．

下段の表を見ると，D子，A子，C子，B子，E子という順で並んだ5人の女性と，ツクシ，アサガオ，チューリップ，バラの順で並んだ4種の花の間に強い正の相関があることが一目瞭然です．相関係数を計算してみると0.79という高い値を示すほどです[*]．

そこで，ツクシ，アサガオ，チューリップ，バラという並びを観察すると，清楚な感じから濃艶な感じへと移行していますから，5人の女性の好みは

　　　E子，B子，C子，A子，D子

の順で清楚な花から濃艶な花へと移行しているといえるでしょう．こうして，5人の女性の花に対する好みに順序付けができたことになります．順序は1，2，……と表わしますから，つまり，5人の女性の花に対する好みを1次元の数字で表わすことに成功したわけです．

この5人の女性には逢ったこともないし履歴書もないのでこれ以上のことはわかりませんが，かりに，E子，B子，C子，A子，D子の順で知能指数が高かったとしたら

　　　ツクシ，アサガオ，チューリップ，バラ

---

[*] 下段の表を直角座標とみなし，E，B，C，A，Dの順で1，2，3，4，5とし，ツクシ，アサガオ，チューリップ，バラを1，2，3，4として9つの点についての相関係数を計算すると0.79となります．

表 9.8 いちばん簡単な例

	y_1	y_2	y_3
x_1		✓	
x_2			✓
x_3	✓		

の順で知能指数の高い女性に愛されることを意味し、こうして花にも順序が付けられ、数量化に成功したことになります．

いまの例は、たった5行、4列でしたから、相関が読みとれるように行や列を並べ換えるのはわけもありませんでした．けれども、行や列の数がもっと多くなると勘に頼る作業ではなかなかうまくいきません．そのときには数学の力を借ります．どのようにやるかを、いちばん簡単な表 9.8 の例でご紹介しましょう．もっとも相関が強くなるには行や列をどのように入れ換えればいいかを数学的に計算してみようというのです．

表 9.8 の✓印の座標は

$(x_1, y_2), \quad (x_2, y_3), \quad (x_3, y_1)$

です．もちろん、表 9.8 を直交座標とみなせば

$x_1=1, \quad x_2=2, \quad x_3=3$
$y_1=1, \quad y_2=2, \quad y_3=3$

なのですが、1, 2, 3 の数字で計算をしたのでは途中の加減乗除によってもとの 1 や 2 や 3 がどこへいったかわからなくなってしまうので、記号のまま計算をしていきます．

相関係数は 215 ページでご紹介したように

$$r = \frac{\Sigma(x_i-\bar{x})(y_i-\bar{y})}{\sqrt{\Sigma(x_i-\bar{x})^2 \cdot \Sigma(y_i-\bar{y})^2}} \qquad (7.5)と同じ$$

ですから、この値が最大か最小になるように x_1, x_2, x_3 と y_1, y_2, y_3 の組合せを決めようというわけです．最大なら正の相関が、最

9. なんでも数字で表わす法

小なら負の相関がもっとも強くなることはもちろんです．ところが，

$$\Sigma(x_i-\bar{x})^2 \quad と \quad \Sigma(y_i-\bar{y})^2$$

とは x_i の順序や y_i の順序がどうであっても同じ値になりますから，式(7.5)の分母は x_i と y_i の順序には無関係です．したがって，分子のほうを最大か最小にすればじゅうぶんです．分子を計算していくと

$$\Sigma(x_i-\bar{x})(y_i-\bar{y})$$
$$=(x_1-\bar{x})(y_2-\bar{y})+(x_2-\bar{x})(y_3-\bar{y})+(x_3-\bar{x})(y_1-\bar{y})$$
$$=x_1y_2+x_2y_3+x_3y_1-(x_1+x_2+x_3)\bar{y}-(y_1+y_2+y_3)\bar{x}+3\bar{x}\bar{y}$$

(9.14)

となりますが，このうち

$$(x_1+x_2+x_3)\bar{y} \quad も \quad (y_1+y_2+y_3)\bar{x} \quad も \quad 3\bar{x}\bar{y}$$

も，x_i や y_i の順序には無関係な値であり，順序に関係があるのは

$$x_1y_2+x_2y_3+x_3y_1$$

だけしかありません．したがって，この値を最大か最小にしてやればいいことになります．x_i や y_i の順序を入れ換えることによってこの値が最大になるのは，203ページにも書いたように

$$x_1y_1+x_2y_2+x_3y_3$$

です．したがって，表9.8において

y_2 の列を y_1 の列へ移し
y_3 の列を y_2 の列へ移し
y_1 の列を y_3 の列へ移す

とすれば，相関はもっとも強くなるにちがいありません．それを実行したのが表9.9です．見事に✓

表9.9 列を入れ換えると

	y_2	y_3	y_1
x_1	✓		
x_2		✓	
x_3			✓

印が一直線上に並んだではありませんか.

外的な基準がまったく与えられていないとき，2つの変量の相関をもっとも強くするように変量の順序を入れ換えることによって変量を数量化するこのような方法を**数量化Ⅲ類**の方法と呼ぶことがあります.

身内どうしを比べる場合

最後は，外的な基準が与えられていないうえに，変量が1つしかなく，他の変量の力を借りて順序付けすることもできない惨めな場合です．例題として，一郎，二郎，三郎の3人に登場ねがいます．そこはかとない色気をただよわせようと，いままで女性にばかり登場してもらいましたので，最後くらいは男性で締めくくりたいと思うのです.

ところが，最後に登場してもらった一郎と二郎と三郎の間には変な関係があります．変な関係といってもスキャンダルではありませんから'変'に気を回さないでください．
図9.2のように

　　一郎と二郎
　　　　よく似ている

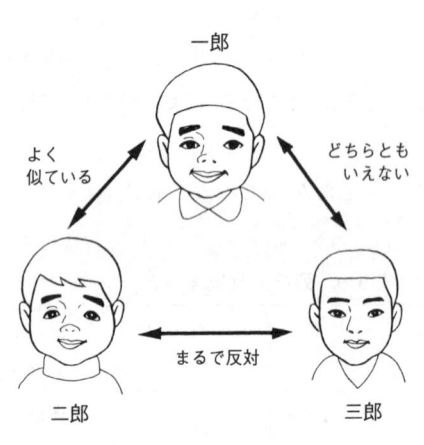

図9.2 変な関係

9. なんでも数字で表わす法

こうなるのかな？

それとも，こうなるのかな？

　　二郎と三郎　　まるで反対
　　三郎と一郎　　どちらともいえない

なのです．さあ，この3人を似ているどうしは近くなるように，似ていないものどうしは遠く離れるように，一直線上に並べてください．

クイズとしては，たいしてむずかしくはありません．多少の試行錯誤を繰り返したあと，たいていの方は

　　二郎 ── 一郎 ── 三郎

と並べればいいことに気がつくでしょう．一郎と二郎はなるべく近づけたいし，二郎と三郎はなるべく離したいからです．これでも一応の数量化に成功はしているのですが，290ページにも及ぶ長丁場の最後ですから，いくらかきつい注文を出させていただきます．二郎と一郎とさらに一郎と三郎の間の距離を相対的にきちんと決めて

表 9.10 変な関係の点数表示

	一郎	二郎	三郎
一郎		1	0
二郎	1		−1
三郎	0	−1	

いただきたいのです．つまり，順位ではなく数値になるように数量化していただこうと思うのです．

まず，直観的には，どのくらいの配置になると思いますか？ イラストの上段のように3人が等間隔で並ぶのでしょうか．それとも，下段のように一郎は二郎の引力に引かれてべったりと二郎に重なってしまうのでしょうか．

では，数学的な作業に取りかかります．そのためにはまず，3人の関係を数字で表わさなければなりません．一郎と二郎はよく似ているのですから，相関係数が1の場合とみなし，2人の関係を1で表わします．また，二郎と三郎はまるで反対なのですから相関係数が −1 の場合と考え，−1 で表わしましょう．そうすると，三郎と一郎の関係は相関がない場合に相当しますから，0で表わすのが妥当だと思われます．この関係を一覧表にすれば，表 9.10 のようになります．

ここで

　　　一郎の座標を　　x_1
　　　二郎の座標を　　x_2
　　　三郎の座標を　　x_3

としましょう．3人を一直線上に並べようという魂胆ですから x 座標だけでじゅうぶんです．そうすると

　　　一郎と二郎の距離 $= |x_1 - x_2|$　　なるべく小さくしたい
　　　二郎と三郎の距離 $= |x_2 - x_3|$　　なるべく大きくしたい
　　　三郎と一郎の距離 $= |x_3 - x_1|$　　どうでもいい

ということになります．そして，$|x_1-x_2|$をなるべく小さくしたい程度と，$|x_2-x_3|$をなるべく大きくしたい程度とは同じと考えられます．なにしろ，表9.10のように一郎と二郎が似ている程度と，二郎と三郎が似ていない程度の絶対値は同じ1なのですから，そこで

$$Y=(x_1-x_2)^2\times 1+(x_2-x_3)^2\times(-1)+(x_3-x_1)^2\times 0 \quad (9.15)$$

という関数Yを考えます．距離を表わす3つの項がすべて2乗してあるのは，距離としては(x_1-x_2)でも(x_2-x_1)でも同じことですから，いつでも正の値になるように2乗したと思っていただいて結構です．ちょうど，標準偏差などを求めるときと同じように……．

式(9.15)の右辺第1項はなるべく小さくしたいのですが，これが小さくなればYも小さくなります．また，第2項の(x_2-x_3)はなるべく大きくしたいのですが，これには-1がかかっていますから(x_2-x_3)を大きくすればYは小さくなります．そして，第3項はどうでもいいのですが，うまいぐあいに0がかかっていますから，Yには何の影響も及ぼしません．したがって，Yがなるべく小さくなるようにx_1とx_2とx_3を決めてやれば目的を達するはずです．

さっそく，Yを最小にするような，x_1, x_2, x_3を求めようと思うのですが，その前に拘束条件を与えます．第1には

$$x_1+x_2+x_3=0 \quad (9.16)$$

としましょう．3人の座標の平均値を0に持ってくることによって，3人がとてつもない遠方で一列に並ぶことを防止しようというのです．第2には

$$x_1^2+x_2^2+x_3^2=1 \quad (9.17)$$

としましょう．こうすることによって3人がとてつもなく離れて並

このくらいが正解でした

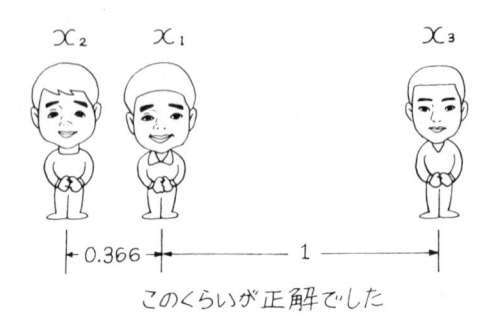

ぶのを防止したいのです．私たちは，3人の相対的な距離を知ればいいのですから，北米大陸の東海岸から西海岸にかけて3人が並んでしまうような答にならないよう配慮したわけです．

整理しましょう．式(9.15)をきれいに書くと

$$Y = (x_1 - x_2)^2 - (x_2 - x_3)^2 \tag{9.18}$$

となりますから，このYを

$x_1 + x_2 + x_3 = 0$　　　　　　　　　　　　　(9.16)と同じ

$x_1^2 + x_2^2 + x_3^2 = 1$　　　　　　　　　　　(9.17)と同じ

の拘束条件のもとで最小にしたいのです．それには，式(9.16)と式(9.17)によって，x_2とx_3をx_1だけの関数として表わし，それを式(9.18)に代入します．そして，x_1だけの関数となったYをx_1で微分し，それを0に等しいとおいてx_1を求めればいいはずです．

この計算は口でいうと簡単そうですが，実行するとなかなかのものです．$\sqrt{}$などの混じった長ったらしく複雑な式を微分したり高次の方程式を解いたりしなければならず，不愉快です．そこで，計算の過程を省略して答だけを書くと*

$$x_1 = -\sqrt{\frac{2-\sqrt{3}}{6}} \doteqdot -0.211$$

$$x_2 = -\sqrt{\frac{1}{3}} \doteqdot -0.577 \qquad (9.19)$$

$$x_3 = \sqrt{\frac{2+\sqrt{3}}{6}} \doteqdot 0.789$$

となります．つまり，一郎と三郎の距離を1とすると一郎と二郎の距離が0.366であるとき，似たものどうしはなるべく近く，似ていないものどうしはなるべく遠く離れるように，という要求をもっともよく満たしているのです．すいぶん凝った結論ではありませんか．

この例のように，外的な基準はもとより，力を貸してくれる他の変量もなく，身内どうしの比較だけを手がかりにして行なう数量化は，**数量化IV類**と呼ばれることがあり，多くの事象を似たものどうしに分類する場合などに利用される手法です．

数量化の技術は，まだ開発の途上にあります．ここでご紹介してきた数量化I類からIV類までの手法から派生したり改善されたりした手法が，これからもどんどん開発され実用化されてくることでしょう．

数量化の技術は，一般にアイデアはいいのですが，この章で取り上げた非常に簡単な例でさえ計算過程を省略せざるを得なかったくらい，計算に手間がかかるのが欠点です．しかも，高次の連立方程式を解いたり複雑な方程式の最大値を求めたりするのはコンピュー

---

* 計算過程の要点は付録6(294ページ)にあります．

タにとって必ずしも得意な計算ではありません．けれども，コンピュータを使いこなすためのソフトウェアの進歩にはめざましいものがあります．きっと，今後ますます，コンピュータの使用を前提とした数量化技術が進歩して，富の妥当な配分や，社会に対する義務の責任と適正な割り当てなども，だんだん可能になっていくにちがいありません．

問題は，愛情や誠心とか侘びをめでる心とか，です．こういう種類のものを数量化できるのか，また，数量化することが人類のために望ましいのか，それにお答えするだけの見識を，残念ながら私は持ち合わせておりません．

付　　　録

付録1　偏　差　値

受験生全員の得点を，平均 50 点，標準偏差 10 点の正規分布になるように換算し，ある受験生の得点がその分布の中でどこに位置するかを示そうというのが偏差値です．たとえば，全受験生の平均点が 55 点で標準偏差が 12 点の場合に，ある受験生が 73 点をとったとしましょう．その得点は平均を

$$73-55=18 点$$

も上回っており，これは平均を標準偏差の 1.5 倍も上回っていることを意味します．したがって，73 点を偏差値に換算するなら，平均の 50 点を，標準偏差 10 点の 1.5 倍も上回った値，つまり 65 点というかんじょうになります．

偏差値はこのような値ですから，試験問題のむずかしさや受験生の数が変動しても，それらとは無関係に，ある個人の実力が他の受験生との相対的な点数として表わされるところが特長です．

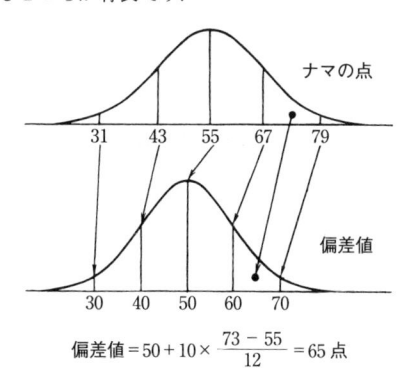

$$偏差値 = 50 + 10 \times \frac{73-55}{12} = 65 点$$

付録2　分布間の相互関係

この本には，正規分布，t分布，χ^2分布，F分布など，たくさんの分布が現れましたが，これらは下図のような親戚関係で結ばれています．

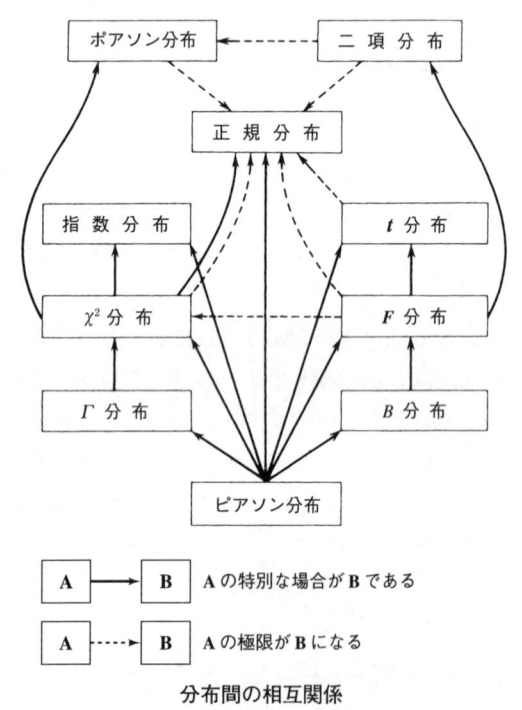

```
        ポアソン分布 ◄----► 二 項 分 布
                   ╲       ╱
                    ▼     ▼
                   正 規 分 布
                    ▲
    指 数 分 布                    t 分 布
       ▲                             ▲
       │                             │
     $\chi^2$分 布 ◄----► F 分 布
       ▲                             ▲
       │                             │
     Γ 分 布                       B 分 布
              ╲                 ╱
               ピアソン分布
```

| A ─► B | Aの特別な場合がBである |
| A ┄► B | Aの極限がBになる |

分布間の相互関係

（大村　平，今田直孝：『推測統計の FORTRAN』，オーム社，1972，より）

付録3　二項分布の平均と分散の求め方

r の平均を $E(r)$, r^2 の平均を $E(r^2)$, r の分散を $V(r)$ と書き, $1-p=q$ とおけば, 計算はつぎのように進みます.

$$E(r)=\sum_{r=0}^{n}rP(r)=\sum_{r=0}^{n}r\frac{n(n-1)\cdots(n-r+1)}{r!}p^rq^{n-r}$$

$$=\sum_{r=1}^{n}\frac{n(n-1)\cdots(n-r+1)}{(r-1)!}p^rq^{n-r}=np\sum_{r=1}^{n}\frac{(n-1)\cdots(n-r+1)}{(r-1)!}p^{r-1}q^{n-r}$$

$$=np(p+q)^{n-1}=np$$

また

$$E(r^2)=\sum_{r=0}^{n}r^2P(r)=\sum_{r=0}^{n}\{r(r-1)+r\}P(r)$$

$$=\sum_{r=0}^{n}r(r-1)P(r)+\sum_{r=0}^{n}rP(r)$$

$$=\sum_{r=2}^{n}r(r-1)\frac{n(n-1)\cdots(n-r+1)}{r!}p^rq^{n-r}+np$$

$$=n(n-1)p^2\sum_{r=2}^{n}\frac{(n-2)\cdots(n-r+1)}{(r-2)!}p^{r-2}q^{n-r}+np$$

$$=n(n-1)p^2(p+q)^{n-2}+np=n(n-1)p^2+np$$

だから

$$V(r)=E(r^2)-\{E(r)\}^2$$

$$=\{n(n-1)p^2+np\}-(np)^2=np(1-p)$$

$$=npq$$

付録4 パスカルの三角形（$_nC_r$ の値）

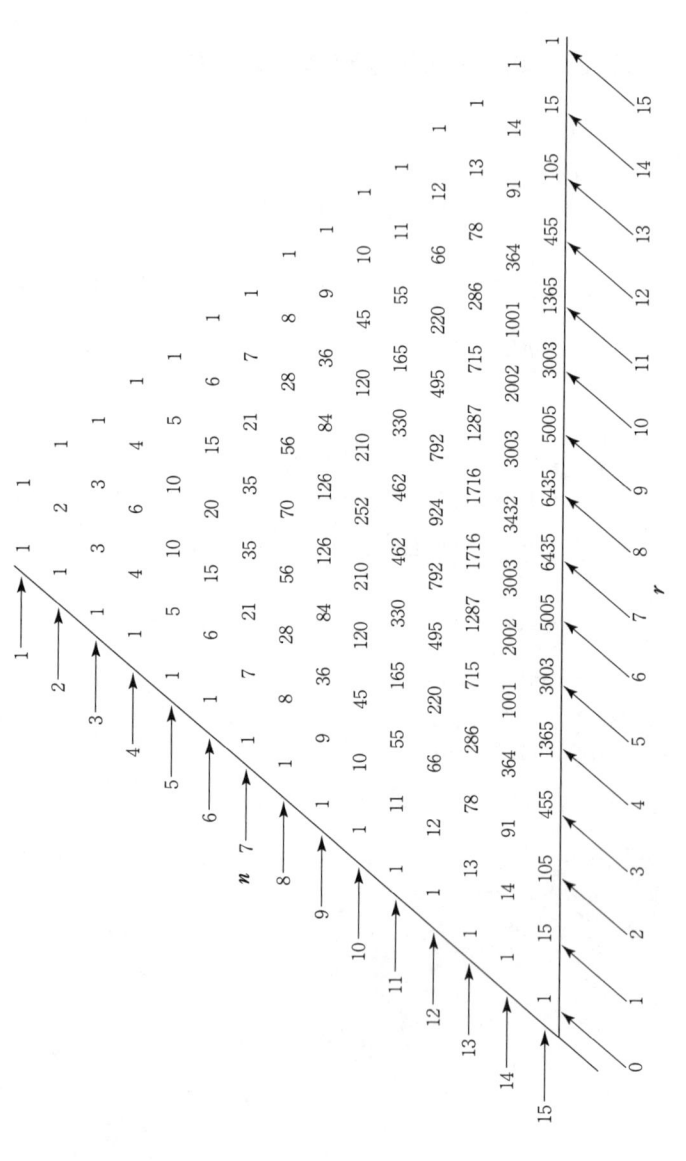

$n \backslash r$	0	1	2	3	4	5	6	7	8	9	10	11	12	13	14	15
0	1															
1	1	1														
2	1	2	1													
3	1	3	3	1												
4	1	4	6	4	1											
5	1	5	10	10	5	1										
6	1	6	15	20	15	6	1									
7	1	7	21	35	35	21	7	1								
8	1	8	28	56	70	56	28	8	1							
9	1	9	36	84	126	126	84	36	9	1						
10	1	10	45	120	210	252	210	120	45	10	1					
11	1	11	55	165	330	462	462	330	165	55	11	1				
12	1	12	66	220	495	792	924	792	495	220	66	12	1			
13	1	13	78	286	715	1287	1716	1716	1287	715	286	78	13	1		
14	1	14	91	364	1001	2002	3003	3432	3003	2002	1001	364	91	14	1	
15	1	15	105	455	1365	3003	5005	6435	6435	5005	3003	1365	455	105	15	1

付録5　式(9.11)の計算

$$全平均 = (x_1 + x_2 + y_1 + y_2)/2 \quad (= m \text{ とおく})$$

$$\begin{aligned}
全分散 &= \{(x_1+y_1-m)^2 + \cdots + (x_2+y_2-m)^2\}/6 \\
&= (3x_1^2 + 3x_2^2 + 3y_1^2 + 3y_2^2 - 6x_1x_2 - 2x_1y_1 + 2x_1y_2 \\
&\quad + 2x_2y_1 - 2x_2y_2 - 6y_1y_2)/12 \quad (= v/12 \text{ とおく})
\end{aligned}$$

$$\left. \begin{aligned} \overline{\bigcirc} &= (2x_1 + x_2 + 2y_1 + y_2)/3 \\ \overline{\times} &= (x_1 + 2x_2 + y_1 + 2y_2)/3 \end{aligned} \right\} \text{ だから}$$

$$\begin{aligned}
\overline{\bigcirc}\text{と}\overline{\times}\text{の分散} &= \{(\overline{\bigcirc}-m)^2 + (\overline{\times}-m)^2\}/2 \\
&= (x_1^2 + x_2^2 + y_1^2 + y_2^2 - 2x_1x_2 + 2x_1y_1 - 2x_1y_2 - 2x_2y_1 \\
&\quad + 2x_2y_2 - 2y_1y_2)/36 \quad (= u/36 \text{ とおく})
\end{aligned}$$

ゆえに　相関比 $r = \dfrac{\overline{\bigcirc}\text{と}\overline{\times}\text{の分散}}{全分散} = \dfrac{1}{3}\dfrac{u}{v}$

ここで　$\dfrac{\partial r}{\partial x_1} = \dfrac{\partial r}{\partial x_2} = \dfrac{\partial r}{\partial y_1} = \dfrac{\partial r}{\partial y_2} = 0$　とおけば

$$(x_1 - x_2 + y_1 - y_2)v - (3x_1 - 3x_2 - y_1 + y_2)u = 0 \tag{1}$$

$$(x_2 - x_1 - y_1 + y_2)v - (3x_2 - 3x_1 + y_1 - y_2)u = 0 \tag{2}$$

$$(y_1 + x_1 - x_2 - y_2)v - (3y_1 - x_1 + x_2 - 3y_2)u = 0 \tag{3}$$

$$(y_2 - x_1 + x_2 - y_1)v - (3y_2 + x_1 - x_2 - 3y_1)u = 0 \tag{4}$$

このうち，(1)と(2)，(3)と(4)とは同じ式だから(1)と(3)とを解きます．

(1)に v と u を代入してかけ算をし，めげずに整理すると

$$(y_1 - y_2) = \pm(x_1 - x_2)$$

が得られます．(3)は(1)において x_1 を y_1 に，x_2 を y_2 におき換えたものにすぎないので，(3)を解けば

$$(x_1 - x_2) = \pm(y_1 - y_2)$$

となるはず．ここで＋をとると r は最大，－をとると r は最小になることがわかりますから，式(9.11)が得られます．

付録6　式(9.19)の計算

式(9.16)から $x_3 = -x_1 - x_2$　∴　$x_3^2 = x_1^2 + 2x_1x_2 + x_2^2$

これを式(9.17)に入れて整理すると

$$x_2^2 + x_1 x_2 + x_1^2 - 1/2 = 0$$

∴　$x_2 = \{-x_1 \pm \sqrt{2 - 3x_1^2}\}/2$　　　　　　　　　　　(5)

これを式(9.18)に代入して整理すると

$$Y = \frac{18}{4} x_1^2 - \frac{6}{4} x_1 \sqrt{2 - 3x_1^2} - \frac{6}{4}$$

となります．ここで

$\dfrac{dY}{dx_1} = 0$　とおけば

$$6x_1 - \sqrt{2 - 3x_1^2} + \frac{3x_1^2}{\sqrt{2 - 3x_1^2}} = 0$$

∴　$-36 x_1^4 + 24 x_1^2 - 1 = 0$

ここで，$x_1^2 = t$ とおき，t について解くと

$$t = (2 \pm \sqrt{3})/6$$

∴　$x_1 = \pm \sqrt{\dfrac{2 \pm \sqrt{3}}{6}}$

これを(5)に入れて x_2 を，さらにそれらを式(9.16)に入れて x_3 を求め，数式の意味する現象を吟味すれば，式(9.19)が得られます．ただし，x_1 と x_2 を＋，x_3 を－としても差し支えありません．

付　表

付表1　正規分布表

0からZ(標準偏差を単位として)までに含まれる正規分布の面積$I(Z)$

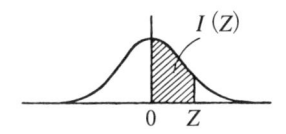

Z	0.00	0.01	0.02	0.03	0.04	0.05	0.06	0.07	0.08	0.09
+0.0	0.0000	0.0040	0.0080	0.0120	0.0160	0.0199	0.0239	0.0279	0.0319	0.0359
+0.1	0.0398	0.0438	0.0478	0.0517	0.0557	0.0596	0.0636	0.0675	0.0714	0.0753
+0.2	0.0793	0.0832	0.0871	0.0910	0.0948	0.0987	0.1026	0.1064	0.1103	0.1141
+0.3	0.1179	0.1217	0.1255	0.1293	0.1331	0.1368	0.1406	0.1443	0.1480	0.1517
+0.4	0.1554	0.1591	0.1628	0.1664	0.1700	0.1736	0.1772	0.1808	0.1844	0.1879
+0.5	0.1915	0.1950	0.1985	0.2019	0.2054	0.2088	0.2123	0.2157	0.2190	0.2224
+0.6	0.2257	0.2291	0.2324	0.2357	0.2389	0.2422	0.2454	0.2486	0.2517	0.2549
+0.7	0.2580	0.2611	0.2642	0.2673	0.2704	0.2734	0.2764	0.2794	0.2823	0.2852
+0.8	0.2881	0.2910	0.2939	0.2967	0.2995	0.3023	0.3051	0.3079	0.3106	0.3133
+0.9	0.3159	0.3186	0.3212	0.3238	0.3264	0.3289	0.3315	0.3340	0.3365	0.3389
+1.0	0.3413	0.3438	0.3461	0.3485	0.3508	0.3531	0.3554	0.3577	0.3599	0.3621
+1.1	0.3643	0.3665	0.3686	0.3708	0.3729	0.3749	0.3770	0.3790	0.3810	0.3830
+1.2	0.3849	0.3869	0.3888	0.3907	0.3925	0.3944	0.3962	0.3980	0.3997	0.4015
+1.3	0.4032	0.4049	0.4066	0.4082	0.4099	0.4115	0.4131	0.4147	0.4162	0.4177
+1.4	0.4192	0.4207	0.4222	0.4236	0.4251	0.4265	0.4279	0.4292	0.4306	0.4319
+1.5	0.4332	0.4345	0.4357	0.4370	0.4382	0.4394	0.4406	0.4418	0.4429	0.4441
+1.6	0.4452	0.4463	0.4474	0.4484	0.4495	0.4505	0.4515	0.4525	0.4535	0.4545
+1.7	0.4554	0.4564	0.4573	0.4582	0.4591	0.4599	0.4608	0.4616	0.4625	0.4633
+1.8	0.4641	0.4649	0.4656	0.4664	0.4671	0.4678	0.4686	0.4693	0.4699	0.4706
+1.9	0.4713	0.4719	0.4726	0.4732	0.4738	0.4744	0.4750	0.4756	0.4761	0.4767
+2.0	0.4773	0.4778	0.4783	0.4788	0.4793	0.4798	0.4803	0.4808	0.4812	0.4817
+2.1	0.4821	0.4826	0.4830	0.4834	0.4838	0.4842	0.4846	0.4850	0.4854	0.4857
+2.2	0.4861	0.4864	0.4868	0.4871	0.4875	0.4878	0.4881	0.4884	0.4887	0.4890
+2.3	0.4893	0.4896	0.4898	0.4901	0.4904	0.4906	0.4909	0.4911	0.4913	0.4916
+2.4	0.4918	0.4920	0.4922	0.4925	0.4927	0.4929	0.4931	0.4932	0.4934	0.4936
+2.5	0.4938	0.4940	0.4941	0.4943	0.4945	0.4946	0.4948	0.4949	0.4951	0.4952
+2.6	0.4953	0.4955	0.4956	0.4957	0.4959	0.4960	0.4961	0.4962	0.4963	0.4964
+2.7	0.4965	0.4966	0.4967	0.4968	0.4969	0.4970	0.4971	0.4972	0.4973	0.4974
+2.8	0.4974	0.4975	0.4976	0.4977	0.4977	0.4978	0.4979	0.4979	0.4980	0.4981
+2.9	0.4981	0.4982	0.4983	0.4983	0.4984	0.4984	0.4985	0.4985	0.4986	0.4986
+3.0	0.49865	0.49869	0.49874	0.49878	0.49882	0.49886	0.49889	0.49893	0.49896	0.49900

付表2　　*t* 分布表

両すその面積が P になるような t の値

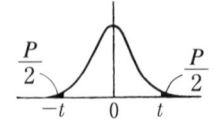

P \ ϕ	0.50	0.40	0.30	0.20	0.10	0.05	0.02	0.01	0.001	P \ ϕ
1	1.000	1.376	1.963	3.078	6.314	12.706	31.821	63.657	636.619	1
2	0.816	1.061	1.386	1.886	2.920	4.303	6.965	9.925	31.598	2
3	0.756	0.978	1.250	1.638	2.353	3.182	4.541	5.841	12.941	3
4	0.741	0.941	1.190	1.533	2.132	2.776	3.747	4.604	8.610	4
5	0.727	0.920	1.156	1.476	2.015	2.571	3.365	4.032	6.859	5
6	0.718	0.906	1.134	1.440	1.943	2.447	3.143	3.707	5.959	6
7	0.711	0.896	1.119	1.415	1.895	2.365	2.998	3.499	5.405	7
8	0.706	0.889	1.108	1.397	1.860	2.306	2.896	3.355	5.041	8
9	0.703	0.883	1.100	1.383	1.833	2.262	2.821	3.250	4.781	9
10	0.700	0.879	1.093	1.372	1.812	2.228	2.764	3.169	4.587	10
11	0.697	0.876	1.088	1.363	1.796	2.201	2.718	3.106	4.437	11
12	0.695	0.873	1.083	1.356	1.782	2.179	2.681	3.055	4.318	12
13	0.694	0.870	1.079	1.350	1.771	2.160	2.650	3.012	4.221	13
14	0.692	0.868	1.076	1.345	1.761	2.145	2.624	2.977	4.140	14
15	0.691	0.866	1.074	1.341	1.753	2.131	2.602	2.947	4.073	15
16	0.690	0.865	1.071	1.337	1.746	2.120	2.583	2.921	4.015	16
17	0.689	0.863	1.069	1.333	1.740	2.110	2.567	2.898	3.965	17
18	0.688	0.862	1.067	1.330	1.734	2.101	2.552	2.878	3.922	18
19	0.688	0.861	1.066	1.328	1.729	2.093	2.539	2.861	3.883	19
20	0.687	0.860	1.064	1.325	1.725	2.086	2.528	2.845	3.850	20
21	0.686	0.859	1.063	1.323	1.721	2.080	2.518	2.831	3.819	21
22	0.686	0.858	1.061	1.321	1.717	2.074	2.508	2.819	3.792	22
23	0.685	0.858	1.060	1.319	1.714	2.069	2.500	2.807	3.767	23
24	0.685	0.857	1.059	1.318	1.711	2.064	2.492	2.797	3.745	24
25	0.684	0.856	1.058	1.316	1.708	2.060	2.485	2.787	3.725	25
26	0.684	0.856	1.058	1.315	1.706	2.056	2.479	2.779	3.707	26
27	0.684	0.855	1.057	1.314	1.703	2.052	2.473	2.771	3.690	27
28	0.683	0.855	1.056	1.313	1.701	2.048	2.467	2.763	3.674	28
29	0.683	0.854	1.055	1.311	1.699	2.045	2.462	2.756	3.659	29
30	0.683	0.854	1.055	1.310	1.697	2.042	2.457	2.750	3.646	30
40	0.681	0.851	1.050	1.303	1.684	2.021	2.423	2.704	3.551	40
60	0.679	0.848	1.046	1.296	1.671	2.000	2.390	2.660	3.460	60
120	0.677	0.845	1.041	1.289	1.658	1.980	2.358	2.617	3.373	120
∞	0.674	0.842	1.036	1.282	1.645	1.960	2.326	2.576	3.291	∞

付表3 χ^2 分布表

右すその面積が P になるような χ^2 の値

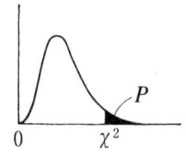

ϕ \ P	0.99	0.975	0.95	0.9	0.5	0.1	0.05	0.025	0.01	P \ ϕ
1	0.0^3157	0.0^4982	0.0^239	0.0158	0.455	2.71	3.84	5.02	6.63	1
2	0.0201	0.0506	0.103	0.211	1.386	4.61	5.99	7.38	9.21	2
3	0.115	0.216	0.352	0.584	2.37	6.25	7.81	9.35	11.34	3
4	0.297	0.484	0.711	1.064	3.36	7.78	9.49	11.14	13.28	4
5	0.554	0.831	1.145	1.610	4.35	9.24	11.07	12.83	15.09	5
6	0.872	1.237	1.635	2.20	5.35	10.64	12.59	14.45	16.81	6
7	1.239	1.690	2.17	2.83	6.35	12.02	14.07	16.01	18.48	7
8	1.646	2.18	2.73	3.49	7.34	13.36	15.51	17.53	20.1	8
9	2.09	2.70	3.33	4.17	8.34	14.68	16.92	19.02	21.7	9
10	2.56	3.25	3.94	4.87	9.34	15.99	18.31	20.5	23.2	10
11	3.05	3.82	4.57	5.58	10.34	17.28	19.68	21.9	24.7	11
12	3.57	4.40	5.23	6.30	11.34	18.55	21.0	23.3	26.2	12
13	4.11	5.01	5.89	7.04	12.34	19.81	22.4	24.7	27.7	13
14	4.66	5.63	6.57	7.79	13.34	21.1	23.7	26.1	29.1	14
15	5.23	6.26	7.26	8.55	14.34	22.3	25.0	27.5	30.6	15
16	5.81	6.91	7.96	9.31	15.34	23.5	26.3	28.8	32.0	16
17	6.41	7.56	8.67	10.09	16.34	24.8	27.6	30.2	33.4	17
18	7.01	8.23	9.39	10.86	17.34	26.0	28.9	31.5	34.8	18
19	7.63	8.91	10.12	11.65	18.34	27.2	30.1	32.9	36.2	19
20	8.26	9.59	10.85	12.44	19.34	28.4	31.4	34.2	37.6	20
21	8.90	10.28	11.59	13.24	20.3	29.6	32.7	35.5	38.9	21
22	9.54	10.98	12.34	14.04	21.3	30.8	33.9	36.8	40.3	22
23	10.20	11.69	13.09	14.85	22.3	32.0	35.2	38.1	41.6	23
24	10.86	12.40	13.85	15.66	23.3	33.2	36.4	39.4	43.0	24
25	11.52	13.12	14.61	16.47	24.3	34.4	37.7	40.6	44.3	25
26	12.20	13.84	15.38	17.29	25.3	35.6	38.9	41.9	45.6	26
27	12.88	14.57	16.15	18.11	26.3	36.7	40.1	43.2	47.0	27
28	13.56	15.31	16.93	18.94	27.3	37.9	41.3	44.5	48.3	28
29	14.26	16.05	17.71	19.77	28.3	39.1	42.6	45.7	49.6	29
30	14.95	16.79	18.49	20.6	29.3	40.3	43.8	47.0	50.9	30
40	22.2	24.4	26.5	29.1	39.3	51.8	55.8	59.3	63.7	40
50	29.7	32.4	34.8	37.7	49.3	63.2	67.5	71.4	76.2	50
60	37.5	40.5	43.2	46.5	59.3	74.4	79.1	83.3	88.4	60
70	45.4	48.8	51.7	55.3	69.3	85.5	90.5	95.0	100.4	70
80	53.5	57.2	60.4	64.3	79.3	96.6	101.9	106.6	112.3	80
90	61.8	65.6	69.1	73.3	89.3	107.6	113.1	118.1	124.1	90
100	70.1	74.2	77.9	82.4	99.3	118.5	124.3	129.6	135.8	100

付表4 F分布表（すその面積が0.025になるFの値）

ϕ_2 \ ϕ_1	1	2	3	4	5	6	7	8	9	10	12	15	20	30	40	60
1	648.	800.	864.	900.	922.	937.	948.	957.	963.	969.	977.	985.	993.	1001.	1006.	1010.
2	38.5	39.0	39.4	39.2	39.3	39.3	39.4	39.4	39.4	39.4	39.4	39.4	39.4	39.5	39.5	39.5
3	17.4	16.0	15.4	15.1	14.9	14.7	14.6	14.5	14.5	14.4	14.3	14.3	14.2	14.1	14.0	14.0
4	12.2	10.6	9.98	9.60	9.36	9.20	9.07	8.98	8.90	8.84	8.75	8.66	8.56	8.46	8.41	8.36
5	10.0	8.43	7.76	7.39	7.15	6.98	6.85	6.76	6.68	6.62	6.52	6.43	6.33	6.23	6.18	6.12
6	8.81	7.26	6.60	6.23	5.99	5.82	5.70	5.60	5.52	5.46	5.37	5.27	5.17	5.07	5.01	4.96
7	8.07	6.54	5.89	5.52	5.29	5.12	4.99	4.90	4.82	4.76	4.67	4.57	4.47	4.36	4.31	4.25
8	7.57	6.06	5.42	5.05	4.82	4.65	4.53	4.43	4.36	4.30	4.20	4.10	4.00	3.89	3.84	3.78
9	7.21	5.71	5.08	4.72	4.48	4.32	4.20	4.10	4.03	3.96	3.87	3.77	3.67	3.56	3.51	3.45
10	6.94	5.46	4.83	4.47	4.24	4.07	3.95	3.85	3.78	3.72	3.62	3.52	3.42	3.31	3.26	3.20
11	6.72	5.26	4.63	4.28	4.04	3.88	3.76	3.66	3.59	3.53	3.43	3.33	3.23	3.12	3.06	3.00
12	6.55	5.10	4.47	4.12	3.89	3.73	3.61	3.51	3.44	3.37	3.28	3.18	3.07	2.96	2.91	2.85
13	6.41	4.97	4.35	4.00	3.77	3.60	3.48	3.39	3.31	3.25	3.15	3.05	2.95	2.84	2.78	2.72
14	6.30	4.86	4.24	3.89	3.66	3.50	3.38	3.29	3.21	3.15	3.05	2.95	2.84	2.73	2.67	2.61
15	6.20	4.76	4.15	3.80	3.58	3.41	3.29	3.20	3.12	3.06	2.96	2.86	2.76	2.64	2.58	2.52
16	6.12	4.69	4.08	3.73	3.50	3.34	3.22	3.12	3.05	2.99	2.89	2.79	2.68	2.57	2.51	2.45
17	6.04	4.62	4.01	3.66	3.44	3.28	3.16	3.06	2.98	2.92	2.82	2.72	2.62	2.50	2.44	2.38
18	5.98	4.56	3.95	3.61	3.38	3.22	3.10	3.01	2.93	2.87	2.77	2.67	2.56	2.44	2.38	2.32
19	5.92	4.51	3.90	3.56	3.33	3.17	3.05	2.96	2.88	2.82	2.72	2.62	2.51	2.39	2.33	2.27
20	5.87	4.46	3.86	3.51	3.29	3.13	3.01	2.91	2.84	2.77	2.68	2.57	2.46	2.35	2.29	2.22
21	5.83	4.42	3.82	3.48	3.25	3.09	2.97	2.87	2.80	2.73	2.64	2.53	2.42	2.31	2.25	2.18
22	5.79	4.38	3.78	3.44	3.22	3.05	2.93	2.84	2.76	2.70	2.60	2.50	2.39	2.27	2.21	2.14
23	5.75	4.35	3.75	3.41	3.18	3.02	2.90	2.81	2.73	2.67	2.57	2.47	2.36	2.24	2.18	2.11
24	5.72	4.32	3.72	3.38	3.15	2.99	2.87	2.78	2.70	2.64	2.54	2.44	2.33	2.21	2.15	2.08
25	5.69	4.29	3.69	3.35	3.13	2.97	2.85	2.75	2.68	2.61	2.51	2.41	2.30	2.18	2.12	2.05
26	5.66	4.27	3.67	3.33	3.10	2.94	2.82	2.73	2.65	2.59	2.49	2.39	2.28	2.16	2.09	2.03
27	5.63	4.24	3.65	3.31	3.08	2.92	2.80	2.71	2.63	2.57	2.47	2.36	2.25	2.13	2.07	2.00
28	5.61	4.22	3.63	3.29	3.06	2.90	2.78	2.69	2.61	2.55	2.45	2.34	2.23	2.11	2.05	1.98
29	5.59	4.20	3.61	3.27	3.04	2.88	2.76	2.67	2.59	2.53	2.43	2.32	2.21	2.09	2.03	1.96
30	5.57	4.18	3.59	3.25	3.03	2.87	2.75	2.65	2.57	2.51	2.41	2.31	2.20	2.07	2.01	1.94

付表 4　F 分布表（すその面積が 0.05 になる F の値）

ϕ_1 \ ϕ_2	1	2	3	4	5	6	7	8	9	10	12	15	20	30	40	60	ϕ_2
1	161.	200.	216.	225.	230.	234.	237.	239.	241.	242.	244.	246.	248.	250.	251.	252.	1
2	18.5	19.0	19.2	19.2	19.3	19.3	19.4	19.4	19.4	19.4	19.4	19.4	19.4	19.5	19.5	19.5	2
3	10.1	9.55	9.28	9.12	9.01	8.94	8.89	8.85	8.81	8.79	8.74	8.70	8.66	8.62	8.59	8.57	3
4	7.71	6.94	6.59	6.39	6.26	6.16	6.09	6.04	6.00	5.96	5.91	5.86	5.80	5.75	5.72	5.69	4
5	6.61	5.79	5.41	5.19	5.05	4.95	4.88	4.82	4.77	4.74	4.68	4.62	4.56	4.50	4.46	4.43	5
6	5.99	5.14	4.76	4.53	4.39	4.28	4.21	4.15	4.10	4.06	4.00	3.94	3.87	3.81	3.77	3.74	6
7	5.59	4.74	4.35	4.12	3.97	3.87	3.79	3.73	3.68	3.64	3.57	3.51	3.44	3.38	3.34	3.30	7
8	5.32	4.46	4.07	3.84	3.69	3.58	3.50	3.44	3.39	3.35	3.28	3.22	3.15	3.08	3.04	3.01	8
9	5.12	4.26	3.86	3.63	3.48	3.37	3.29	3.23	3.18	3.14	3.07	3.01	2.94	2.86	2.83	2.79	9
10	4.96	4.10	3.71	3.48	3.33	3.22	3.14	3.07	3.02	2.98	2.91	2.84	2.77	2.70	2.66	2.62	10
11	4.84	3.98	3.59	3.36	3.20	3.09	3.01	2.95	2.90	2.85	2.79	2.72	2.65	2.57	2.53	2.49	11
12	4.75	3.89	3.49	3.26	3.11	3.00	2.91	2.85	2.80	2.75	2.69	2.62	2.54	2.47	2.43	2.38	12
13	4.67	3.81	3.41	3.18	3.03	2.92	2.83	2.77	2.71	2.67	2.60	2.53	2.46	2.38	2.34	2.30	13
14	4.60	3.74	3.34	3.11	2.96	2.85	2.76	2.70	2.65	2.60	2.53	2.46	2.39	2.31	2.27	2.22	14
15	4.54	3.68	3.29	3.06	2.90	2.79	2.71	2.64	2.59	2.54	2.48	2.40	2.33	2.25	2.20	2.16	15
16	4.49	3.63	3.24	3.01	2.85	2.74	2.66	2.59	2.54	2.49	2.42	2.35	2.28	2.19	2.15	2.11	16
17	4.45	3.59	3.20	2.96	2.81	2.70	2.61	2.55	2.49	2.45	2.38	2.31	2.23	2.15	2.10	2.06	17
18	4.41	3.55	3.16	2.93	2.77	2.66	2.58	2.51	2.46	2.41	2.34	2.27	2.19	2.11	2.06	2.02	18
19	4.38	3.52	3.13	2.90	2.74	2.63	2.54	2.48	2.42	2.38	2.31	2.23	2.16	2.07	2.03	1.98	19
20	4.35	3.49	3.10	2.87	2.71	2.60	2.51	2.45	2.39	2.35	2.28	2.20	2.12	2.04	1.99	1.95	20
21	4.32	3.47	3.07	2.84	2.68	2.57	2.49	2.42	2.37	2.32	2.25	2.18	2.10	2.01	1.96	1.92	21
22	4.30	3.44	3.05	2.82	2.66	2.55	2.46	2.40	2.34	2.30	2.23	2.15	2.07	1.98	1.94	1.89	22
23	4.28	3.42	3.03	2.80	2.64	2.53	2.44	2.37	2.32	2.27	2.20	2.13	2.05	1.96	1.91	1.86	23
24	4.26	3.40	3.01	2.78	2.62	2.51	2.42	2.36	2.30	2.25	2.18	2.11	2.03	1.94	1.89	1.84	24
25	4.24	3.39	2.99	2.76	2.60	2.49	2.40	2.34	2.28	2.24	2.16	2.09	2.01	1.92	1.87	1.82	25
26	4.23	3.37	2.98	2.74	2.59	2.47	2.39	2.32	2.27	2.22	2.15	2.07	1.99	1.90	1.85	1.80	26
27	4.21	3.35	2.96	2.73	2.57	2.46	2.37	2.31	2.25	2.20	2.13	2.06	1.97	1.88	1.84	1.79	27
28	4.20	3.34	2.95	2.71	2.56	2.45	2.36	2.29	2.24	2.19	2.12	2.04	1.96	1.87	1.82	1.77	28
29	4.18	3.33	2.93	2.70	2.55	2.43	2.35	2.28	2.22	2.18	2.10	2.03	1.94	1.85	1.81	1.75	29
30	4.17	3.32	2.92	2.69	2.53	2.42	2.33	2.27	2.21	2.16	2.09	2.01	1.93	1.84	1.79	1.74	30

女というものは，どこまでが天使なのか
　どこからが悪魔なのか，よくわからぬものなのだ
　　　　　　　　　　　　　　　——ハイネ
統計というものは，どこまでが天使なのか
　どこからが悪魔なのか，よくわからぬものなのだ
　　　　　　　　　　　　　　　——H・O

著者紹介

大村　平（工学博士）
（おお むら　ひとし）

　1930年　秋田県に生まれる
　1953年　東京工業大学機械工学科卒業
　　　　　防衛庁空幕技術部長，航空実験団司令，
　　　　　西部航空方面隊司令官，航空幕僚長を歴任
　1987年　退官．その後，防衛庁技術研究本部技術顧問，
　　　　　お茶の水女子大学非常勤講師，日本電気株式会社顧
　　　　　問などを歴任
　現　在　(社)日本航空宇宙工業会顧問など

統計解析のはなし【改訂版】
── データに語らせるテクニック ──

1980年 2 月26日	第 1 刷発行
2005年12月14日	第32刷発行
2006年 8 月16日	改訂版第 1 刷発行
2016年 4 月 5 日	改訂版第 9 刷発行

　検印省略

著　者　大　村　　　平
発行人　田　中　　　健
発行所　株式会社　日科技連出版社
〒151-0051 東京都渋谷区千駄ヶ谷5-15-5
　　　　　DSビル
　　　　　電話　出版 03-5379-1244
　　　　　　　　営業 03-5379-1238

Printed in Japan　　　印刷・製本　河北印刷株式会社

© Hitoshi Ohmura 1980, 2006　　ISBN978-4-8171-8028-5
URL http://www.juse-p.co.jp/

本書の全部または一部を無断で複写複製（コピー）することは，著作権法上での例外を除き，禁じられています．

大村 平の
ほんとうにわかる数学の本

■もっとわかりやすく，手軽に読める本が欲しい！
この要望に応えるのが本シリーズの使命です．

確率のはなし(改訂版)
統計のはなし(改訂版)
微積分のはなし(上)(改訂版)
微積分のはなし(下)(改訂版)
関数のはなし(上)(改訂版)
関数のはなし(下)(改訂版)
方程式のはなし(改訂版)
行列とベクトルのはなし(改訂版)
統計解析のはなし(改訂版)
論理と集合のはなし(改訂版)
図形のはなし
数のはなし
数学公式のはなし
美しい数学のはなし(上)
美しい数学のはなし(下)
数理パズルのはなし
幾何のはなし

———— 日 科 技 連 ————

大村 平の
　ベスト アンド ロングセラー

■ビジネスマンや学生の教養書として広く読まれています.

評価と数量化のはなし
実験計画と分散分析のはなし(改訂版)
多変量解析のはなし(改訂版)
信頼性工学のはなし(改訂版)
ＯＲのはなし(改訂版)
予測のはなし(改訂版)
ＱＣ数学のはなし(改訂版)
戦略ゲームのはなし
シミュレーションのはなし
情報のはなし
システムのはなし
人工知能のはなし
ビジネス数学のはなし(上)
ビジネス数学のはなし(下)
実験と評価のはなし
情報数学のはなし

―――――日科技連―――――

ビジネスマン・学生の教養書

数学のはなし	岩田倫典
数学のはなし（Ⅱ）	岩田倫典
ディジタルのはなし	岩田倫典
微分方程式のはなし	鷹尾洋保
複素数のはなし	鷹尾洋保
数値計算のはなし	鷹尾洋保
力と数学のはなし	鷹尾洋保
数列と級数のはなし	鷹尾洋保
品質管理のはなし(改訂版)	米山高範
決定のはなし	斎藤嘉博
PERTのはなし	柳沢 滋
在庫管理のはなし	柳沢 滋
数学ロマン紀行	仲田紀夫
数学ロマン紀行 2 ―― 論理3000年の道程 ――	仲田紀夫
数学ロマン紀行 3 ―― 計算法5000年の往来 ――	仲田紀夫
「社会数学」400年の波乱万丈!	仲田紀夫

日科技連